BIBLIOTHÈQUE DES ÉCOLES PRIMAIRES SUPÉRIEURES
ET DES ÉCOLES PROFESSIONNELLES
Publiée sous la Direction de FÉLIX MARTEL

AGRICULTURE ET HORTICULTURE

par

LAMBERT & MONTOUX

PARIS

LIBRAIRIE CH. DELAGRAVE

15 Rue Soufflot

AGRICULTURE

ET

HORTICULTURE

BIBLIOTHÈQUE DES ÉCOLES PRIMAIRES SUPÉRIEURES

ET DES ÉCOLES PROFESSIONNELLES

Publiée sous la direction de Félix MARTEL, Inspecteur général de l'Instruction primaire.

AGRICULTURE

ET

HORTICULTURE

(PREMIÈRE ANNÉE)

PAR

F.-A. MONTOUX

Professeur d'Agriculture
de l'arrondissement de Saint-Malo

A. LAMBERT

Professeur d'École normale
Directeur de l'École pre supe de Dol

PARIS

LIBRAIRIE CH. DELAGRAVE

15, RUE SOUFFLOT, 15

—

1894

AGRICULTURE

ET

HORTICULTURE

PREMIÈRE ANNÉE

CHAPITRE PREMIER

Généralités sur l'Agriculture.

1. Historique de l'Agriculture. — Dès les commencements du monde, l'homme, pour se nourrir, se bornait à recueillir les fruits de la terre, sans coopérer aucunement à leur production. La chasse et la pêche étaient également les moyens qu'il employait pour se procurer la nourriture nécessaire à ses besoins. Peu à peu, les populations s'accrurent et ces moyens devinrent insuffisants ; l'homme dut aider la production naturelle de la terre par son travail intelligent.

De *chasseur et pêcheur* qu'il était d'abord, il se fit *pasteur* et domestiqua les animaux qui lui parurent les plus propres à son service. Pour les nourrir, il lui fallait de vastes espaces. Puis, la population continuant à s'accroître, il dut songer à pourvoir à sa subsistance d'une manière plus en rapport avec cette situation nouvelle.

Dès ce moment, il devint *cultivateur*.

Il choisit les meilleurs terrains, dont il laboura la surface et dans lesquels il enfouit les semences des plantes alimentaires que la nécessité lui avait fait connaître.

Ce n'était encore qu'une culture très imparfaite, car il enlevait chaque année à la terre les récoltes qu'elle produisait, sans jamais rien lui rendre en échange. Alors au bout de quelques années le sol ne fournissait plus qu'une quantité insuffisante de récoltes pour dédommager le cultivateur des peines qu'il avait prises. Quand cet épuisement partiel était arrivé, l'homme se transportait sur une surface vierge et y exerçait ses forces jusqu'à nouvel épuisement.

Peu à peu les terres vierges devinrent de plus en plus rares et il fallut revenir cultiver celles qui avaient été délaissées primitivement. Enfin l'homme eut l'heureuse inspiration de restituer à la terre une partie de ce qu'il lui enlevait, en apportant les déjections des animaux qu'il nourrissait en domesticité. Alors l'agriculture put prendre un nouvel essor et chaque époque, pour ne pas dire chaque jour, en marqua le progrès.

2. Définition et importance de l'agriculture. — L'*agriculture* est la science qui recherche les moyens d'obtenir les produits des végétaux et des animaux de la manière la plus satisfaisante et la plus économique.

Elle se divise en plusieurs branches, qui sont :

1° l'*agriculture proprement dite* ou culture des végétaux produits dans les champs ;

2° l'*horticulture* ou culture des jardins ;

3° la *viticulture* ou culture de la vigne ;

4° la *sylviculture,* qui consiste dans la culture et l'entretien des bois ;

5° la *zootechnie,* qui s'occupe de l'exploitation rationnelle des animaux domestiques ;

6° l'*apiculture* ou élevage des abeilles ;

7° la *sériciculture,* dont le but est l'élevage et l'exploitation des vers à soie ;

8° l'*aviculture,* qui s'occupe de l'élevage et de l'entretien des oiseaux de basse-cour.

3. En France, l'importance de l'agriculture est considérable : car près des deux tiers de la population, vingt-huit millions d'habitants environ, prennent part chaque année aux travaux des champs d'une manière plus ou moins directe.

L'industrie agricole produit en France annuellement au moins cinq milliards de francs. Enfin le capital d'exploitation, mis en œuvre par l'agriculture, doit atteindre de dix à douze milliards. Si l'on mettait encore en ligne de compte la valeur du sol cultivé, on serait vraiment surpris de l'importance de cette industrie nourricière par excellence.

4. Il faut respecter, honorer et protéger l'agriculture : car elle embellit, elle enrichit la patrie et sert puissamment à la défendre. « L'agriculture est la plus noble des professions. Stable comme la terre qui lui sert de base, pure comme le soleil qui l'éclaire, libre comme l'air qui la féconde, elle mûrit la raison, fortifie le caractère, élève l'âme vers le Créateur par le spectacle continu des merveilles de la création. L'agriculture est l'assise de granit sur laquelle l'État repose ! » (DROUYN DE LHUYS.) C'est grâce aux conditions dans lesquelles s'exerce l'agriculture qu'elle peut donner au pays ses soldats les plus nombreux, les plus solides au feu et les plus résistants à la fatigue. Cultiver et améliorer le sol, c'est donc doublement servir sa patrie.

5. La vie est rude et pénible dans les champs, mais elle a aussi de nombreux agréments. L'air pur de la campagne a une influence très favorable sur nos organes ; c'est à son contact que notre vigueur se développe et que notre santé s'épanouit. La vie rurale offre à l'esprit un champ d'études dans lequel chacun peut, à son aise, travailler en

liberté et chercher à comprendre les phénomènes de la nature, qui se déroulent à chaque instant sous ses yeux. Ces divers agréments ne suffisent cependant pas pour empêcher l'émigration des habitants de la campagne vers les villes, où ils vont chercher une vie plus facile et des salaires plus élevés.

Il y a là une tendance contre laquelle on ne saurait assez s'élever, à cause des effets désastreux qu'elle produit. Ceux qui ont abandonné la campagne ne tardent pas à s'apercevoir qu'ils ont été victimes d'un mirage trompeur. Souvent, dans la ville, leur santé décline. Quant aux salaires plus élevés qu'ils reçoivent, ils sont rapidement engloutis par l'achat des denrées de première nécessité, beaucoup plus chères qu'à la campagne. Partis dans l'espoir de se créer un petit pécule, beaucoup reviennent à leur ancien domicile dans un état voisin de la misère; les autres végètent à regret dans leur ville d'élection, où les retient une honte mal placée.

6. Pratique et routine. — La *pratique agricole* consiste dans les différentes opérations de la culture du sol. C'est l'application raisonnée des principes de la science agricole.

La *routine* est l'ensemble des méthodes fournies par la tradition et transmises de génération en génération. De ces méthodes, les unes, conformes aux principes de la science agricole, peuvent être tenues pour bonnes. Les autres, en désaccord avec les règles et les principes scientifiques, doivent être rejetées. D'une façon générale, on peut dire que toute routine est condamnable, en ce sens qu'elle accuse une paresse de l'esprit chez ceux qui s'y abandonnent et exclut nécessairement toute idée de progrès. Elle consiste en simples habitudes transmises qu'on ne cherche jamais à améliorer : « Nos parents faisaient ainsi, nous ferons de même, » voilà tout l'argument des routiniers.

7. Connaissances que doit posséder un agriculteur. — Pour être un bon agriculteur, il faut une instruction à la fois théorique et pratique très développée. Il importe surtout de connaître les sciences dont les applications assurent les progrès de l'agriculture : chimie, physique, histoire naturelle, etc. Si l'on veut faire de la culture avec quelques chances de succès, il faut posséder une instruction plus variée et plus approfondie que pour toute autre carrière, et il faut en outre acquérir un coup d'œil, un tact et un esprit de décision tout particuliers.

Les connaissances variées d'un bon agriculteur lui permettront de se rendre compte de la nature du sol qu'il devra cultiver et des améliorations foncières qui pourront y être exécutées pour porter la production à son maximum. Il sera très important pour lui de bien connaître le bétail et de savoir le soigner en cas de maladies ou d'accidents de peu de gravité. Enfin il devra exercer une surveillance de tous les instants dans l'intérieur de la ferme, et il tiendra une comptabilité simple, mais sévère et rigoureuse.

L'étude du sol a une grande importance pour le cultivateur. C'est dans la terre que les plantes enfoncent leurs racines, ce qui leur permet de s'élever verticalement dans l'air. C'est dans la terre également, comme il sera démontré plus loin, que les plantes trouvent en grande partie les éléments nécessaires à leur croissance. Si ces éléments font défaut, la plante dépérit et meurt. — La terre joue ainsi pour les plantes le rôle de soutien, en même temps que celui de réservoir d'alimentation.

Le cultivateur doit donc apprendre à connaître la formation, la nature et les propriétés du sol. C'est le meilleur moyen de savoir quelles modifications physiques et chimiques il faudra lui faire subir pour le rendre plus productif.

1.

CHAPITRE II

Étude du sol. — Éléments constitutifs des terres.

8. Terre arable, terre végétale, sol inerte.
— Il nous est certainement arrivé plus d'une fois de
visiter une carrière à ciel ouvert. Nous avons pu remarquer que très souvent, dans ce cas, la couche de pierre
affleure pour ainsi dire au ras du sol, comme le montre la
figure ci-dessous. A peine si une mince couche de terre *a*
recouvre la pierre. En labourant de pareilles terres, le
soc de la charrue heurte quelquefois contre le roc.

La couche *a* est ce qu'on appelle la *terre arable*, la
couche *b* est le *sol inerte* (fig. 1). Évidemment la composition de la terre arable
doit se ressentir de la composition de la roche située
par-dessous.

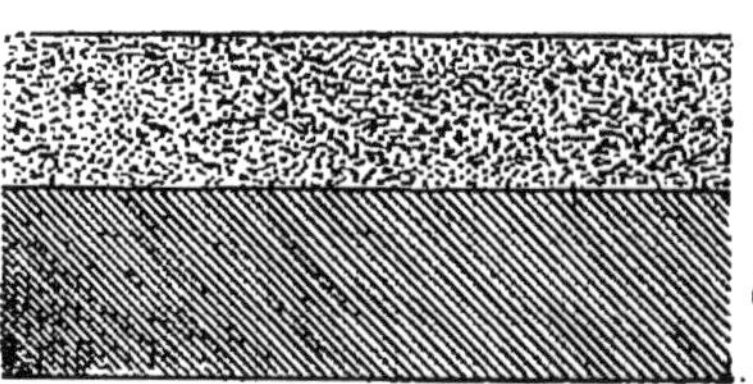

Fig. 1.

Il peut arriver que le roc
se trouve beaucoup plus
bas, comme nous avons pu
le constater sur le bord d'une route ou d'une voie ferrée
construite en tranchée. On distingue alors très bien une
couche *a* dans laquelle s'enfoncent les racines des plantes
(fig. 2), puis une autre couche *b*, de couleur moins foncée.
Viennent ensuite quelques couches plus ou moins
épaisses *c*, *d*. Enfin le roc *r* supporte les couches situées
par-dessus.

La couche *a*, dans laquelle les plantes agricoles trouvent

leurs aliments, est la couche arable ou terre arable. C'est celle qui est remuée par les instruments aratoires. Sa profondeur varie entre 0^m10 et 0^m30, suivant que la charrue travaille plus ou moins profondément.

La couche b forme le *sous-sol;* l'ensemble de la terre arable et du sous-sol cons-titue la *terre végétale.*

Enfin les couches c, d, r, forment le sol inerte. Le sol inerte est donc la couche de terre située au-dessous de la terre végétale. Il peut n'avoir pas la même composition que la terre végétale. D'ail-

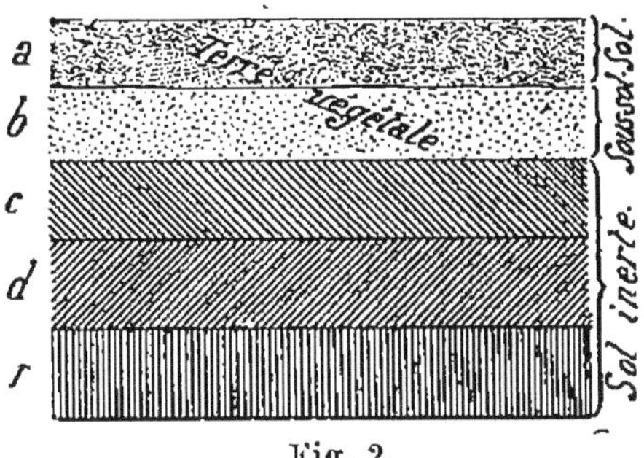

Fig. 2.

leurs la composition du sol, du sous-sol et du sol inerte est intimement liée aux phénomènes géologiques et aux phénomènes de décomposition organique qui ont produit les couches supérieures de la terre[1].

9. Analyse d'une terre arable. — Supposons qu'il s'agisse de reconnaître les éléments d'une terre de jardin, par exemple. Nous prendrons à la bêche, en quinze ou vingt endroits et à des profondeurs différentes, variant de quelques centimètres à 30 ou 40 centimètres environ, 40 à 60 kilogrammes de terre, soit 2 à 3 kilogrammes par endroit. Nous mélangerons intimement les échantillons recueillis et, après des brassages répétés, nous prélèverons de la terre en différents points de la masse, de manière à obtenir un poids d'environ 2 kilogrammes. Nous aurons ainsi un échantillon qui représentera la *composition moyenne de la terre considérée.*

Cet échantillon sera desséché dans un four chauffé à

---

1. En ce qui concerne l'étude de l'origine et de la formation des terres, on devra se reporter à ce qui est dit dans le Cours d'histoire naturelle (Géologie) par M. Bouvier. (*Bibliothèque des Écoles primaires supérieures.*)

100°, température de l'eau bouillante. Pour séparer les cailloux et le gravier des parties fines, nous nous servirons de deux tamis : l'un à mailles de 5^{mm}, l'autre à mailles de 2^{mm}. Les *cailloux* restent sur le premier tamis à mailles larges, tandis que le *gravier* reste sur le second tamis. Il passe au travers de ce dernier des éléments très fins, formant la *terre tamisée*.

On prélève encore 10 à 15 grammes de cette terre tamisée et on la délaye dans un peu d'eau. On la place ensuite dans le vase B, qui a la forme d'une bouteille renversée, cassée en son milieu, ou d'un entonnoir à large goulot. Ce vase est bouché dans sa partie inférieure. Un siphon, qu'on amorce en soufflant par A[1], amène de l'eau en B par un tube H courbé en U dans la portion *t'* (fig. 3). — La terre placée en B est alors agitée lentement par le courant d'eau, dont le trop-plein déborde en C. Au bout d'un certain

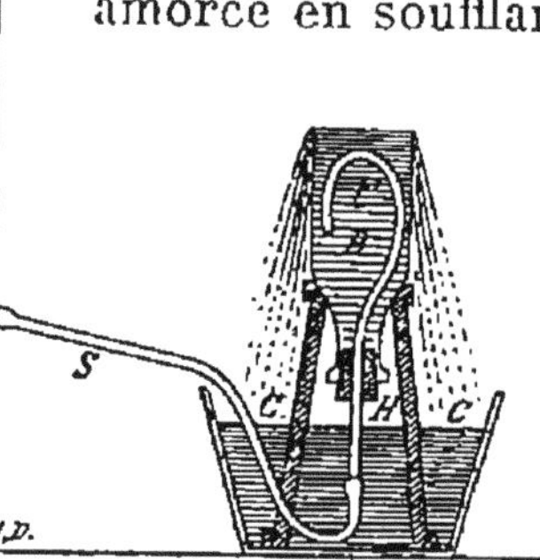

Fig. 3.

temps, quand l'eau qui déborde du vase B passe à peu près claire, on arrête le courant. L'eau de la terrine C laisse déposer par le repos de fines particules terreuses. On décante et on fait écouler sur un filtre la matière qui reste dans le vase C après la décantation. Une matière grasse, onctueuse au toucher, analogue à la terre glaise, se dépose alors sur le filtre : c'est l'*argile*; il reste au fond de la bouteille un sable analogue au sable des rivières et des ruisseaux : c'est la *silice*.

---

1. Voir dans la *Bibliothèque des Écoles primaires supérieures*, le Cours de physique de M. Poiré, tome II, *Pesanteur et hydrostatique*, chap. VIII.

Mais la silice et l'argile ne sont pas pures. En effet, si nous versons sur le sable recueilli quelques gouttes de vinaigre, nous verrons se dégager des bulles de gaz. Or, si nous versons également du vinaigre sur du sable pur, tel que le sable blanc dont on se sert pour sécher l'encre, aucun dégagement ne se produira. Le sable recueilli est donc mélangé à une autre substance. Or on voit en chimie que la substance qui jouit de la propriété de faire effervescence avec les acides est le *calcaire* ou *carbonate de chaux;* le gaz qui se dégage est le *gaz carbonique.*

Ainsi nous avons trouvé dans notre terre trois éléments : *l'argile, le sable* et *le calcaire.*

10. Il reste maintenant à savoir si elle n'en contient pas d'autres. Notre analyse, en effet, n'est pas tout à fait précise; certains éléments peuvent être restés adhérents aux cailloux et graviers ou peuvent encore s'être déposés avec l'argile et le sable.

D'ailleurs, à priori, nous devons supposer que notre échantillon renferme d'autres substances que celles qu'on vient d'énoncer. En effet, une grande partie des plantes vivant à la surface du sol s'y décomposant après leur mort, le sol doit contenir des éléments provenant de la putréfaction des plantes, c'est-à-dire des *substances organiques.*

Or les substances organiques sont invariablement composées de quatre éléments : le carbone ou charbon, l'hydrogène, l'oxygène et l'azote. Toutes les matières organiques ne renferment pas ces quatre éléments : elles sont dites *ternaires,* si elles en renferment trois : carbone, hydrogène, oxygène (amidon); *quaternaires* ou *azotées,* si elles sont composées de carbone, d'hydrogène, d'oxygène et d'azote (albumine ou blanc d'œuf).

Les matières organiques azotées se reconnaissent aux caractères suivants : chauffées avec de la chaux vive, elles laissent dégager leur azote à l'état d'ammoniaque, ou alcali volatil, dont nous avons senti l'odeur piquante dans le voisinage des fosses d'aisances ou dans les étables. L'ammoniaque a la propriété de bleuir un papier de tournesol rouge.

Mélangeons donc 10 grammes de la terre prise dans l'échantillon moyen avec une certaine quantité de chaux et chauffons le tout dans un tube à essai, sur une lampe à alcool, en tenant le papier de tournesol près du bord du tube (fig. 4); nous voyons ce papier bleuir peu à peu. Il se dégage donc de l'ammoniaque du mélange, preuve que la terre contient des substances organiques azotées.

Pour montrer que la terre contient d'autres substances organiques, nous pouvons encore procéder autrement. Mettons 10 grammes de terre dans le couvercle d'une boîte à cirage et chauffons avec notre lampe. En mettant une plaque de verre froide au-dessus du couvercle, on voit la plaque se ternir : c'est l'humidité qui se dégage d'abord. La température s'élevant, nous percevons une

Fig. 4.

odeur d'herbe brûlée : c'est la substance organique qui se décompose. La température s'élevant encore, toute la terre noircit, parce qu'il reste dans la masse une certaine quantité de carbone organique. Enfin, si l'on chauffait au rouge, le carbone lui-même brûlerait et la matière organique serait réduite à l'état de cendres analogues aux cendres de bois.

Nous étudierons plus tard la composition de ces cendres et nous verrons qu'elles contiennent de la potasse, de la chaux, de l'acide phosphorique. Pour l'instant, ce qu'il

importe de retenir, c'est que la terre contient des substances organiques incomplètement décomposées et provenant des débris animaux ou végétaux et que ces matières
constituent ce que l'on appelle le *terreau*.

Les terres ordinaires renferment peu de terreau, les
terres maraîchères en renferment beaucoup.

En résumé, l'analyse précédente montre que les terres
arables contiennent essentiellement de l'*argile*, du *sable*,
du *calcaire* et du *terreau*.

CHAPITRE III

Propriétés du sable, de l'argile, du calcaire
et du terreau.

11. Sable. — Le sable provient de la désagrégation des roches granitiques (granit, feldspath, mica, etc.), par l'action de l'eau chargée de gaz carbonique. L'eau s'écoule facilement entre les grains de sable; aussi les terres qui en contiennent beaucoup sont-elles perméables; elles sont très sèches en été. Le sable se reconnaît à ce qu'il ne fait pas effervescence avec les acides.

12. Argile. — L'argile pure ou *kaolin* est blanche, douce et onctueuse au toucher. La terre glaise est de l'argile impure. Les argiles sont souvent colorées en rouge ou en jaune par de l'oxyde de fer. Ce sont les *argiles ocreuses*. Celles qui contiennent du carbonate de chaux s'appellent *marnes*.

L'argile forme avec l'eau une pâte liante et grasse prenant facilement la forme des objets. Cette pâte se laisse mouler facilement : elle est *plastique*. On utilise cette propriété pour le moulage. A cet état, c'est-à-dire humectée d'eau, l'argile est imperméable, c'est-à-dire qu'elle ne se laisse pas traverser par l'eau.

Quand elle se dessèche, l'argile subit un retrait et se fendille. Cuite, elle devient très poreuse et très dure. Aussi l'emploie-t-on pour la fabrication des briques et des tuyaux de drainage.

Au point de vue de sa composition, l'argile est une combinaison d'*acide silicique* ou sable avec l'*alumine* ou oxyde d'aluminium. C'est donc un *silicate* d'*alumine*. On le prouve très simplement en versant de l'acide sulfurique ordinaire sur de l'argile pure et desséchée. Au bout de quelques jours, il se produit des efflorescences blanches : c'est le signe que la décomposition est terminée. L'acide sulfurique a chassé l'acide silicique et s'est combiné à l'alumine. On verse de l'eau sur la masse et on filtre. En versant dans l'eau de filtration du carbonate de soude dissous (eau de cristaux), on obtient de l'alumine gélatineuse.

13. Calcaire. — Le calcaire se reconnaît facilement à la propriété qu'il a de faire effervescence avec les acides. Cela tient à ce que le calcaire est du *carbonate de chaux*, (combinaison de gaz carbonique et de chaux). Si l'on verse un acide sur une terre calcaire, le gaz carbonique est chassé par le nouvel acide et il se dégage. Les marnes, la craie, la pierre lithographique, sont des calcaires.

Le calcaire communique à la terre un aspect blanchâtre ou jaunâtre, quelquefois crayeux : telles sont les terres de la Champagne Pouilleuse.

A cause de la chaux qu'elles contiennent, les terres calcaires décomposent rapidement les engrais; elles « mangent l'engrais ». Aussi faut-il les fumer très peu à la fois et très fréquemment.

14. Terreau, humus. — Nous venons de voir que la terre arable contient du terreau provenant de la décomposition lente et incomplète des matières animales ou végétales qui y sont mélangées.

Quand le terreau est dans un état avancé de décomposition, de putréfaction, il communique à la terre une couleur noirâtre; il s'appelle alors *humus*.

Le rôle de l'*humus* est considérable. Les expériences de M. Schloesing ont montré que l'*humus* donne du corps aux terres légères et ameublit les terres fortes. Tout le monde sait en effet que les terres sableuses manquent de cohésion (dunes). Or le mélange de calcaire et d'argile leur donne cette cohésion, à la condition cependant que la terre renferme au moins 10 % d'argile. S'il n'y avait pas de calcaire, l'eau de pluie lavant la terre entraînerait l'argile dans le sous-sol et le sable resterait à la surface. S'il n'y avait pas au moins 10 % d'argile, le calcaire n'agirait pas, ne cimenterait pas l'argile et le sable. Or, il y a des terres *(terres noires de Russie)* qui ne renferment pas 10 % d'argile et qui ont cependant une cohésion remarquable : cela tient à la présence de l'humus : « 1 % d'humus équivaut à 10 % d'argile et communique à un mélange de sable et de calcaire les propriétés du meilleur sol. » (GRANDEAU.) De plus, s'il y a plus de 10 % d'argile, le terreau en tempère les propriétés agglutinantes, il les diminue même et, la cohésion de l'argile étant diminuée, les terres fortes se trouvent ameublies. (A propos de l'*ameublissement du sol,* voir ci-après chap. xv.)

Au point de vue chimique, l'importance de l'humus est aussi considérable. Nous y reviendrons plus loin à propos des phénomènes de la *nitrification.* Disons simplement que l'analyse de l'humus a montré qu'il contenait toutes les substances dont sont composées les plantes. Ajoutons encore que l'humus rougissant le papier bleu de tournesol, c'est-à-dire ayant une réaction acide, facilite par son acidité la décomposition des sels (phosphates, carbonates) contenus dans la terre arable, sels qui seront dissous et absorbés par les racines des plantes.

CHAPITRE IV

Des diverses sortes de sol. — Fertilité du sol.
Sous-sol.

15. Des différentes sortes de sol. — On peut rapporter les sols à quatre types principaux, qui sont : les sols sableux, argileux, calcaires ou tourbeux.

Il est assez rare de rencontrer le type parfait de l'un de ces terrains. Le plus souvent, les terres sont formées par l'union de deux des trois premiers types et on obtient alors les terrains argilo-sableux, argilo-calcaire, silico-calcaire, etc.

Il peut aussi arriver que le sable, l'argile et le calcaire se trouvent réunis dans une même terre en proportions à peu près égales : on a alors ce qu'on appelle une *terre franche.*

16. Sol sableux ou siliceux. — Le sol siliceux est un sol où le sable domine comme quantité. Ce sol absorbe l'eau facilement et la laisse s'évaporer de même.

Les bandes de terre obtenues par les labours dans les sols sableux ne sont jamais continues, mais au contraire divisées en fragments plus ou moins grossiers. Si l'on prend à la main un peu de terre sableuse et qu'on la comprime entre les doigts, on sent qu'elle est rude au toucher. Si l'on triture du sable dans une assiette, on entend des craquements. Enfin, si l'on en frotte vigoureusement une plaque de verre, on la raye.

17. Un sol sableux, étant léger, peut se travailler en

toute saison. Il ne s'attache pas aux instruments aratoires, ni aux racines fourragères qu'on y peut récolter.

Les terres sableuses se dessèchent rapidement et les plantes peuvent y souffrir de la sécheresse en été. En hiver, le déchaussement y est à craindre, car par la gelée le sol se soulève et entraîne avec lui les racines des plantes. Quand arrive le dégel, la terre revient en place, mais les racines restent en grande partie exposées à l'air. Ce déchaussement est fort préjudiciable aux plantes agricoles. Les sols sableux ont aussi l'inconvénient de laisser entraîner facilement les engrais par les eaux dans les couches plus profondes.

18. Les arbres qui conviennent aux sols sableux sont le châtaignier, le peuplier, le platane.

Le seigle, le maïs, l'avoine, les haricots, les dolics, le trèfle incarnat, le trèfle blanc y réussissent. *C'est la terre à seigle.* On peut aussi y cultiver avec avantage les pommes de terre, les topinambours, les betteraves, les carottes et les autres racines fourragères.

19. On peut améliorer les sols sableux de différentes façons :

1° par un mélange avec des terres argileuses; mais ce moyen est peu pratique, car le transport de ces terres coûterait beaucoup trop cher;

2° par un apport de marne argileuse;

3° en fumant avec des engrais gras, bien décomposés;

4° en augmentant la profondeur des labours, si le sous-sol est argileux;

5° au moyen de roulages répétés, qui tassent le sol.

20. **Sol argileux.** — Ce sol, où l'argile se trouve en quantité prédominante, est aussi nommé *terre forte, terre glaise, terre de bonne amitié, terre froide.*

La terre argileuse est grasse au toucher et prend à la langue. Si l'on souffle dessus et qu'on la sente ensuite, on obtient l'odeur caractéristique émanée de la terre détrempée après une longue sécheresse. En labourant ces terres, on a des bandes longues et luisantes.

21. Les sols argileux conservent assez bien les engrais : il est avantageux de les fumer moins souvent, mais en y mettant une plus forte dose de fumier, car l'engrais s'y accumule en s'y décomposant lentement.

Les sols argileux ont le défaut d'être durs, tenaces, d'un travail difficile : ils se laissent malaisément pénétrer par l'eau et la retiennent avec force. Ils deviennent boueux par les temps de pluie et s'attachent alors aux instruments aratoires. Par l'effet de la sécheresse, ils se crevassent et deviennent d'une extrême dureté. Si l'on labourait à ce moment, on n'obtiendrait que de grosses mottes de terre irrégulières.

22. Les arbres à racines nombreuses viennent bien dans les terrains argileux. Les plantes qui y réussissent sont la fève de marais, la luzerne, le trèfle, le colza et le froment. *La terre argileuse est la terre à froment.*

23. Des labours avant l'hiver sont très profitables dans ce genre de terres, car l'action des gelées se fait sentir avec plus de force pour en opérer l'ameublissement. Au printemps, la terre se trouve pulvérisée, ou tout au moins très divisée.

Les labours en planches (voir page 86) leur conviennent très bien, car l'égouttement des terres se fait ainsi avec facilité. Les marnages et les *chaulages* ont sur ces terres les plus heureux effets, car ils divisent le sol. (voir pages 37 à 39.)

On recommande également les fumiers longs et pailleux, qui divisent eux aussi la terre. Enfin, si l'on peut y apporter sans trop de frais des terres légères, on s'en trouvera très bien.

24. **Sol calcaire.** — Il n'existe réellement pas de sol calcaire pur : un tel sol serait stérile. On appelle *sol calcaire* celui où le calcaire domine.

Les cailloux calcaires sont généralement blanchâtres ou grisâtres et ne font pas feu au briquet, comme ceux des terrains sableux. S'ils sont soumis à un feu ardent, ils se réduisent en chaux.

On peut, pour reconnaître un sol calcaire, prendre dans un champ une poignée de terre que l'on fait dessécher au soleil. Ensuite on verse un peu de vinaigre dessus. Si le terrain est calcaire, il se produit une sorte de bouillonnement (effervescence). Le bouillonnement est d'autant plus fort que la terre contient plus de calcaire.

25. Les sols calcaires absorbent la pluie avec facilité et ne sont presque jamais humides. Ils sont faciles à travailler.

Dans ce genre de terrains, les plantes sont sujettes au déchaussement pendant l'hiver. Les sols calcaires sont généralement peu profonds; aussi les plantes peuvent-elles y souffrir de la sécheresse durant l'été. Par les temps de pluie, ils se détrempent et deviennent alors boueux et collants.

26. Les vignes françaises venaient autrefois très bien dans les terrains calcaires; il n'en est pas toujours ainsi des vignes américaines, qui dans plusieurs régions ont servi à reconstituer nos vignobles détruits.

Les plantes qui prospèrent en sol calcaire sont : la luzerne, le sainfoin, le froment, l'avoine, l'orge. *La terre calcaire est la terre à orge.*

27. On pourrait améliorer les terres calcaires au moyen de terres sableuses ou de terres argileuses; mais il ne faut pas la plupart du temps songer à ce moyen, dont l'emploi serait trop coûteux. Si le sous-sol était argileux, on pourrait chaque année augmenter la profondeur des labours.

28. **Sol tourbeux.** — Les sols tourbeux proviennent de l'accumulation des débris de végétaux dans un endroit humide. Ce sont les feuilles, tiges et racines

des plantes qui se sont décomposées au sein des eaux. Les terres tourbeuses sont noires et brûlent quand elles sont sèches.

L'hiver, ces sols sont très humides; aussi les plantes y craignent-elles le déchaussement. Quand les terres tourbeuses ont séché, elles n'absorbent l'eau que fort difficilement. Cela indique qu'il ne faut pas les labourer par un temps sec.

Ces terrains se trouvent généralement dans les bas-fonds, où ils sont couverts de prairies de mauvaise nature, à cause de la stagnation de l'eau.

Les navets, les rutabagas, les choux y viennent bien.

29. Les terrains tourbeux peuvent être améliorés au moyen de fossés larges et profonds destinés à évacuer les eaux qui s'y trouvent en abondance. On peut également les drainer. (Voir ci-après pages 31-33.)

La chaux, la marne, les cendres, la suie et les phosphates y donnent d'excellents résultats.

30. **Fertilité du sol.** — On peut avoir une idée de la fertilité d'un sol par la végétation plus ou moins vigoureuse qu'on y trouve ou par les restes de cette végétation après l'enlèvement des récoltes.

Certaines plantes sont signalées comme indices de fertilité; ce sont : le yèble, la mercuriale, le fumeterre, le chardon et le coquelicot.

Comme signes de pauvreté du sol, citons les bruyères, les fougères, les joncs et la mousse.

31. Plus un sol est profond, plus il est fertile, car il conserve mieux l'humidité et craint moins la sécheresse. L'excès d'humidité y a des effets moins désastreux que sur un sol de peu de profondeur.

On peut quelquefois améliorer la couche arable par les labours, en augmentant leur profondeur. Le mélange des couches, quand il est fait brusquement, donne de mauvais résultats; il faudra donc l'opérer avec lenteur.

32. La configuration du sol peut souvent avoir une grande influence sur la végétation. Une pente douce, facilitant l'écoulement des eaux, donne d'excellents résultats. Au contraire, si la pente est trop forte, on peut craindre le ravinement des terres. Dans les contrées montagneuses, on obvie aux inconvénients qui résultent de la pente en faisant des terrasses.

SOUS-SOL

33. La valeur d'un sol ne dépend pas seulement de la composition de la couche arable; elle est très intimement reliée à la nature du sous-sol. Ce sous-sol peut être perméable ou imperméable.

Un sous-sol perméable exerce en quelque sorte les fonctions de régulateur d'humidité : au moment des pluies, il reçoit l'eau que laisse écouler le sol et par la sécheresse il la restitue aux couches superficielles.

Un sous-sol imperméable a souvent pour conséquence d'exagérer les défauts des terres fortes et de les rendre très difficiles à travailler; les inconvénients sont beaucoup moindres pour les terres légères (terres sableuses et calcaires).

34. **Terres fortes à sous-sol perméable.** — Les terres fortes ou argileuses, dont le sous-sol est perméable, sont en général excellentes, car la nature de la terre arable est corrigée par celle du sous-sol. L'excès d'humidité, si redoutable pour la bonne culture des terres fortes, n'est jamais à craindre en ce cas, car l'égouttement des eaux se fait dans le sous-sol.

35. **Terres fortes à sous-sol imperméable.** — Les défauts des terres argileuses (n° 21) s'exagèrent quand le sous-sol est imperméable; il est nécessaire alors d'assainir ces terres par le drainage. Le chaulage et le marnage (pages 37 et 39) y sont très avantageux.

36. Terres légères à sous-sol perméable.
— Les conditions climatériques influent considérablement
sur une terre qui se trouve dans ces conditions. Le
manque d'eau s'y fait vivement sentir, et, par les années
sèches, la stérilité peut y être à peu près complète. On
peut améliorer de semblables terrains par l'apport de
fumiers bien décomposés ou en y enfouissant des engrais
verts. (Voir page 48.) Si les terres légères à sous-sol
perméable peuvent être irriguées, elles sont souvent
excellentes, et il n'y a jamais à craindre un excès d'humidité. De semblables terres peuvent être très bonnes
sous un climat humide.

**37. Terres légères à sous-sol imper-
méable.** — Ces terres ont des valeurs très différentes,
suivant le degré d'inclinaison qu'elles présentent.

Quand elles sont inclinées, elles sont généralement couvertes de prairies permanentes. Un exemple frappant de ce
fait est fourni par le pays de Bray (Seine-Inférieure), dont
près de la moitié du territoire est couverte d'excellentes
prairies. Quand sur la couche imperméable coule une nappe
d'eau, les terres peuvent acquérir une valeur considérable.

Si les terres légères à sous-sol imperméable sont plates
et ne présentent aucun écoulement régulier, elles sont à
peu près stériles. Il devient nécessaire, dans ce cas, de les
assainir par le drainage.

38. Dans certaines conditions, il peut être avantageux
de mélanger le sous-sol avec la terre arable. Ex. : Sol
sableux et sous-sol argileux. On peut obtenir ce mélange
par les labours profonds.

Si le mélange du sol et du sous-sol ne devait donner
aucun résultat satisfaisant, on pourrait avoir recours au
sous-solage pour corriger l'imperméabilité du sous-sol.
Cette opération consiste à ameublir une partie du sous-sol
sans la ramener à la surface. Le sous-solage est exécuté à
l'aide d'une charrue spéciale qui laisse le sous-sol en place.

CHAPITRE V

Modifications du sol, en vue de la culture.
Modifications de nature physique.

39. Le sol n'est pas toujours propre à la culture et il est des circonstances où il a besoin de subir certaines modifications, avant de pouvoir donner des produits rémunérateurs.

Suivant leur mode d'action, ces modifications se divisent en modifications de nature physique et en modifications de nature chimique.

Les modifications de nature physique comprennent : le défrichement, le défoncement, l'écobuage, l'étrepage, l'épierrement, le drainage, les irrigations, le colmatage et le limonage.

Les modifications d'ordre chimique comprennent les amendements et les engrais.

40. **Défrichement.** — Le *défrichement* est l'opération qui a pour objet de mettre en culture des terrains improductifs. Si le sol est complètement inculte, le défrichement constitue une opération difficile, parce qu'il exige de grands capitaux. Tout y est à créer : chemins d'exploitation, bâtiments, fossés d'assainissement, etc. Le métier de défricheur de landes est souvent fort ingrat, et beaucoup de cultivateurs qui s'y sont livrés n'ont eu que des revers.

Pour réussir, il est indispensable d'avoir, en dehors du capital de création, un capital d'exploitation suffisamment élevé pour qu'on puisse acheter le matériel, les animaux, les engrais, etc., et payer les salaires des ouvriers employés à la culture.

Les défrichements doivent s'opérer depuis les derniers jours d'automne jusqu'aux premiers jours de printemps. À cette époque, le gazon est généralement humide et la charrue l'attaque avec facilité.

La charrue avec laquelle on défriche devra être réglée de manière à opérer un labour entièrement à plat, c'est-à-dire à détacher et renverser sens dessus dessous des bandes de gazon larges de 0^{m}25 à 0^{m}30 et épaisses de 0^{m}07 à 0^{m}08. Quand on constate que le gazon détaché et renversé se désagrège aisément, on herse énergiquement le terrain en dirigeant la herse perpendiculairement au labour. Après le hersage, on donne un deuxième labour à la terre, en ayant soin de le faire aussi profondément que le permet l'épaisseur de la couche arable.

La lande nouvellement défrichée n'a pas l'aspect des terrains cultivés depuis de longues années; sa surface est irrégulière à cause des grosses mottes de gazon qui existent de place en place.

Les plantes qui réussissent le mieux sur défrichement sont : le sarrasin, le seigle et l'avoine.

La chaux et la marne exercent fort souvent une action remarquable sur les landes nouvellement défrichées; il en est de même des phosphates et du noir animal (voir *Engrais* et *Amendements*).

41. Défoncement. — Le *défoncement* est une opération qui a pour but d'ameublir ou diviser la terre jusqu'à 0^{m}40, 0^{m}60, 0^{m}80 de profondeur.

On défonce un terrain quand on doit y créer un jardin, une pépinière, y planter des arbres fruitiers ou la vigne ou y cultiver une plante à racines très pivotantes, comme la garance. Les défoncements se font à bras ou à l'aide d'instruments aratoires.

Les défoncements à bras sont les plus parfaits, mais ils

sont très coûteux. Les ouvriers chargés de les exécuter opèrent par tranchées successives et parallèles, en ayant soin de bien mélanger la terre du sous-sol avec la couche arable. La terre provenant de la première tranchée doit être transportée près de l'endroit où le défoncement prendra fin, afin de combler la dernière tranchée.

Les défoncements opérés à bras sont exécutés de diverses manières. Les uns mélangent le sol et le sous-sol; les autres mettent la couche arable dans le fond de la tranchée et le sous-sol par-dessus. Enfin quelques-uns opèrent l'ameublissement du sol, sans en modifier la position.

Les défoncements faits avec des instruments aratoires sont moins parfaits que les défoncements à bras, mais ils sont plus expéditifs et moins dispendieux. On les opère à l'aide de fortes charrues, dites charrues fouilleuses ou défonceuses.

En Basse-Bretagne et dans le Languedoc, on pratique le *pelleversage* ou *palarâtre*. Cette opération consiste à faire suivre la charrue par des ouvriers armés de bêches et de pioches. Ce genre de défoncement laisse le sous-sol en place; il a le défaut d'être très coûteux. Les défoncements, dans lesquels on mélange une partie du sous-sol à la couche arable, imposent l'obligation de les faire suivre d'une forte fumure, si l'on veut obtenir de bons résultats.

Le défoncement a l'avantage de rendre les terres moins humides pendant les saisons pluvieuses et moins sèches durant l'été.

42. Ecobuage. — L'*écobuage* est une opération qui consiste à brûler les herbes, bruyères, ajoncs, fougères et autres plantes qui couvrent un mauvais sol, qu'on veut boiser ou mettre en culture.

L'*écobuage à feu courant* s'effectue en mettant simplement le feu aux herbes desséchées par les chaleurs de l'été. Il faut choisir un temps calme pour allumer le feu et l'on doit circonscrire l'incendie sur les points qu'on veut écobuer. Il est toujours bon d'entourer la surface à écobuer d'une large bande dont on extrait les herbes, de manière que le feu ne s'étende pas au delà. On peut guider la marche du feu au moyen de larges balais de genêts ou de bruyères, munis de longs manches.

L'écobuage à feu couvert consiste à peler la surface du sol, sur une épaisseur de 5 à 10 centimètres. On a ainsi des bandes de gazon que l'on fait bien sécher au soleil en les adossant deux à deux. Quand ces bandes de gazon sont sèches, on les met en tas en ayant soin de ménager des vides dans l'intérieur. Ces vides sont remplis de bruyères sèches auxquelles on met le feu par un beau temps. Toutes les issues par lesquelles la fumée sort sont ensuite bouchées, afin que le gazon brûle lentement. La combustion dure une quinzaine de jours; elle est complète quand les fourneaux s'affaissent et laissent voir des cendres rougeâtres, produites par la cuisson des matières argileuses. Quand le feu est éteint, on répand les cendres sur le sol et on laboure tout de suite après, pour les enfouir.

Les pommes de terre ou les navets fumés viennent bien après l'écobuage. Cette opération a l'avantage de détruire les insectes et les mauvaises herbes; elle a l'inconvénient de faire disparaître une grande quantité de matières organiques.

43. Étrepage. — *L'étrepage* est une opération qui consiste à enlever la terre végétale en un point quelconque, pour la porter sur une autre partie qu'on veut fertiliser. Cette pratique est mauvaise, en ce sens qu'on améliore une portion du sol au détriment d'une autre surface qu'on dépouille.

L'étrepage est en grande partie abandonné; il se pratiquait autrefois en Basse-Bretagne.

44. Épierrement. — *L'épierrement* est une opération consistant à enlever les pierres qui couvrent un terrain et qui lui sont nuisibles soit par leur nombre, soit par leur volume. Ces pierres gênent la végétation des plantes cultivées, ainsi que le fonctionnement des outils et instruments aratoires. L'enlèvement des grosses pierres constitue partout une excellente amélioration foncière; aussi importe-t-il d'enlever toutes celles que la charrue ramène à la surface.

Les épierrements doivent être exécutés pendant l'automne et l'hiver, alors que le sol présente une certaine résistance aux pieds des ouvriers chargés de les exécuter. Le ramassage des pierres se fait généralement à la main. Chaque ouvrier est pourvu d'un panier; dès que ce dernier est plein, on le vide dans une brouette ou dans un tombereau. Si la surface à épierrer a peu d'étendue et que les pierres y soient très nombreuses, on les rassemble en petits tas à l'aide d'un râteau à main et on les enlève ensuite à la pelle.

Lorsqu'un champ renferme çà et là de grosses pierres occupant la couche arable et le sous-sol, on a intérêt à les extraire, car les instruments aratoires peuvent se briser en les heurtant.

L'épierrement est pratiqué dans les champs occupés par des plantes qui doivent être fauchées dans l'année.

Les terres bien épierrées deviennent souvent très productives, quand on y applique de bonnes fumures.

CHAPITRE VI

Modifications de nature physique *(suite)*.

45. Drainage. — Le *drainage* est une opération qui a pour but d'enlever les eaux surabondantes d'un terrain, afin de l'assainir et de le rendre plus propre à la production des récoltes.

Il existe de nombreux systèmes de drainage. Nous ne citerons que les plus connus, qui sont : 1° le drainage avec tuyaux en terre ; 2° le drainage en aqueduc ; 3° le drainage avec pierres cassées ; 4° le drainage avec billons de bois. L'assainissement du sol par fossés ouverts peut également être considéré comme une sorte de drainage.

Pour tous ces systèmes, on fait des fossés de 0ᵐ80 à 1ᵐ20 et 1ᵐ50 de profondeur. On leur donne des largeurs variables, suivant les matières dont on se sert pour drainer : à l'ouverture, 0ᵐ60 à 0ᵐ80 ; au fond, 0ᵐ15 à 0ᵐ40.

46. Drainage en tuyaux (fig. 5). — Les tuyaux de poterie utilisés pour le drainage ont de 0ᵐ30 à 0ᵐ40 de longueur. Au lieu de s'adapter les uns dans les autres, ils se touchent seulement. Le raccordement de

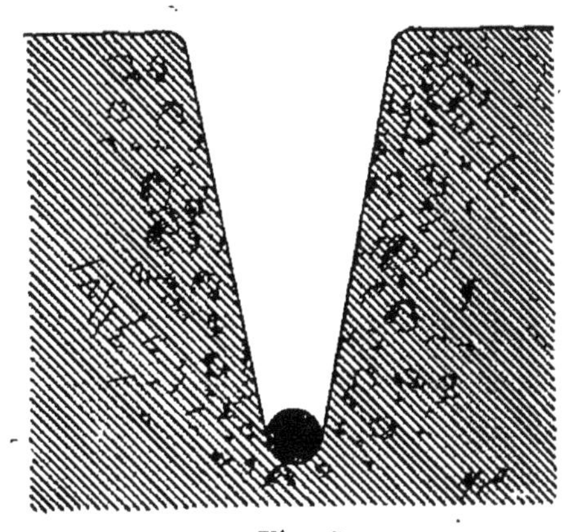

Fig. 5.

deux tuyaux est généralement recouvert au moyen d'un morceau de tuyau brisé, pour empêcher la terre de pénétrer dans le conduit. Quelquefois on emploie des manchons ou portions de tuyau d'un plus grand diamètre pour raccorder entre eux deux tuyaux placés bout à bout.

47. Drainage en aqueduc (fig. 6). — Pour ce drainage, on se sert de pierres plates avec lesquelles on établit un conduit dans le fond des tranchées. On met d'abord une pierre à plat dans le fond, puis une de chaque côté de la tranchée et une autre par-dessus celles qui sont adossées contre les parois. On obtient ainsi un drain à section quadrangulaire, d'une solidité à toute épreuve.

Fig. 6.

48. Drainage avec pierres cassées (fig. 7). — Le drainage avec pierres cassées se fait avec des pierres de moyenne grosseur dont on remplit la partie inférieure des tranchées. Ce drainage, dit aussi à *pierres perdues*, est excellent, quand les cailloux sont anguleux et propres, car l'eau circule aisément entre les interstices qu'on y observe.

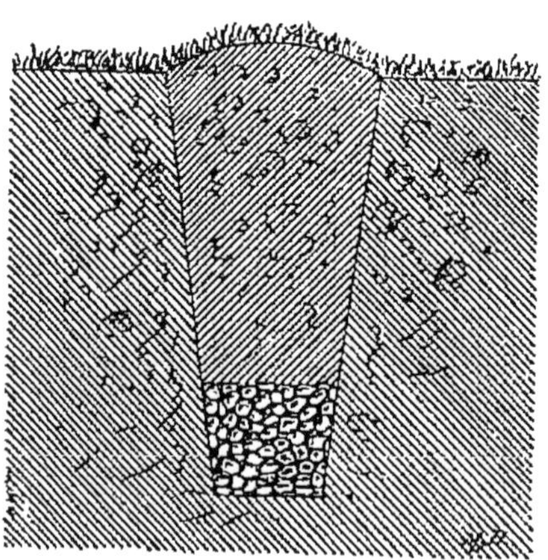

Fig. 7.

49. Drainage avec billons de bois (fig. 8).
— Les drainages avec billons de bois sont employés dans
les pays où les pierres
sont rares et le bois à
bon marché. On dispose
trois billons dans la tranchée, deux en dessous et
un en dessus, comme
l'indique la figure 8[1].

50. Irrigations. —
L'*irrigation* est l'opération qui consiste à ré-
partir sur le sol l'eau
dont on peut disposer,
pour donner aux terres

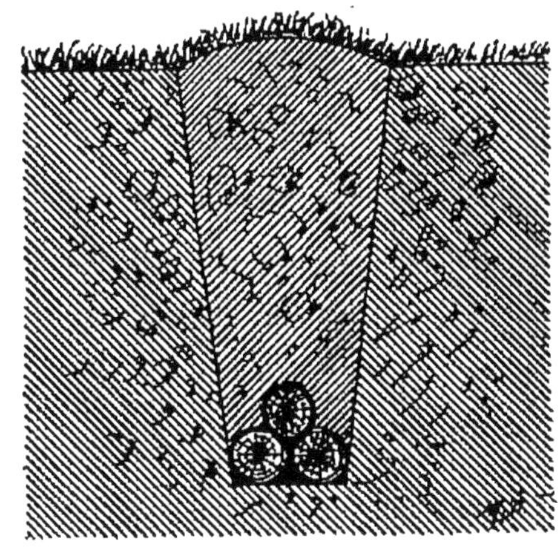

Fig. 8.

l'humidité nécessaire à la bonne végétation des plantes.

Il existe différents systèmes d'irrigation. Tous peuvent
se rapporter à quatre types principaux, qui sont : 1º l'irrigation par submersion; 2º l'irrigation par infiltration;
3º l'irrigation par déversement; 4º l'irrigation par aspersion.

51. Irrigation par submersion. — L'irrigation par submersion s'applique aux terrains presque horizontaux. Elle consiste à couvrir le sol d'une couche d'eau
plus ou moins épaisse, qu'on laisse écouler ensuite.

Pour opérer ce système d'irrigation, il est nécessaire
de diviser le terrain en planches ou compartiments de
vingt ares environ. Dans le cas où la pente du sol obli-
gerait de diminuer cette surface, il ne faudrait pas descendre au delà de trois ou quatre ares, parce qu'alors le
système deviendrait trop coûteux. Les planches doivent
être entourées de talus de terre de 0^{m}40 à 0^{m}50 de hauteur.

---

1. La question du drainage et des irrigations, devant être traitée dans le
Cours de deuxième année, n'a pas été développée ici avec tous les détails
qu'elle comporte.

52. Irrigation par infiltration. — Dans cette méthode, l'eau est maintenue dans de petites rigoles creusées parallèlement les unes aux autres. Elle s'infiltre dans la terre, qu'elle imbibe sur une étendue qui varie avec le degré de perméabilité du sol. Ce genre d'irrigation est très employé dans le Midi pour la culture du maïs.

53. Irrigation par déversement. — L'irrigation par déversement s'applique aux terrains en pente. On creuse dans un terrain en pente des rigoles de niveau qui contournent le terrain en suivant les points situés à une même hauteur. Si l'on amène l'eau dans la rigole la plus élevée, une fois que cette rigole est remplie, elle se déverse sur le sol et coule suivant la pente en imbibant toute la surface du terrain.

L'excès d'eau qui n'a pas pénétré dans le sol est recueilli par la rigole immédiatement inférieure. Celle-ci se remplit à son tour, déverse ensuite son trop-plein sur la seconde bande de terre, et ainsi de suite jusqu'à ce que l'eau arrive au bas de la pente. Arrivée là, elle est évacuée en dehors du champ au moyen d'une rigole spéciale, dite *rigole de colature.*

54. Irrigation par aspersion. — C'est le système le plus employé. Les jardiniers en font constamment usage, quand ils arrosent leurs semis et plantations à l'aide de l'arrosoir.

En Angleterre, ce genre d'irrigation est employé en grand, au moyen de canalisations souterraines, qui débouchent à la surface du sol. On peut se représenter ce système par l'arrosage d'été au moyen de canalisations souterraines, dans les villes bien pourvues d'eau.

55. Colmatage. — Le colmatage est une opération qui consiste à exhausser le niveau du sol, au moyen de terre charriée par les eaux. Ainsi compris, le colmatage se confond un peu avec les irrigations. Cette opération change la nature de la couche arable et en augmente considérablement la valeur. De même que pour l'irrigation par submersion, le terrain que l'on veut colmater doit être divisé en compartiments.

56. Limonage. — Le limonage est le résultat de l'apport de matières terreuses sur un terrain voisin d'un cours d'eau. Le limonage ne change pas la nature du sol arable, comme le fait le colmatage; il dépose des substances utiles aux plantes, en couches très minces, parfois imperceptibles.

CHAPITRE VII

Modifications du sol en vue de la culture.
Modifications de nature chimique.

57. Les modifications de nature chimique à faire subir au sol comprennent, comme on l'a déjà vu, les amendements et les engrais.

AMENDEMENTS

58. D'une manière générale, une terre peut manquer soit de sable, si elle est trop argileuse ; soit d'argile, si elle est trop sableuse ; soit de calcaire, soit de terreau, soit à la fois d'argile et de terreau, de calcaire et de terreau. Si on lui apporte de l'argile ou du sable, on fait un amendement *argileux* ou *siliceux*. Si on lui apporte du terreau, on fait un amendement *humifère ;* si on lui apporte du calcaire, on fait un amendement *calcaire*.

59. **Amendements argileux et siliceux.** — Ces amendements ne sont guère possibles en pratique, à cause des quantités énormes de sable ou d'argile qu'il faudrait déplacer. Les prix de transport seraient beaucoup trop élevés et supérieurs au profit qu'on retirerait de l'opération.

Cependant, quand un sol sableux repose sur un sous-sol argileux, on peut améliorer le terrain en labourant plus profondément. On ramène alors à la surface un peu d'argile, qui se mélange au sable. Cette manière de procéder donne souvent de bons résultats.

60. Amendements humifères. — Les amendements humifères consistent à enfouir des végétaux dans la terre ou à apporter du terreau sur le sol qu'il s'agit d'amender. Cette question sera étudiée à propos des engrais.

Occupons-nous maintenant des amendements calcaires, qui sont de beaucoup les plus importants.

Ces amendements sont principalement le *chaulage,* le *marnage,* le *falunage,* le *tanguage* et le *plâtrage.*

61. Chaulage. — La *chaux* est le produit de la calcination du carbonate de chaux. Cette calcination a lieu dans un four à chaux. Pendant l'opération, le gaz carbonique se dégage, et il reste dans le four de la *chaux vive.* Cette chaux vive, au contact de l'eau, *foisonne,* c'est-à-dire augmente de volume, se délite et se combine à l'eau avec dégagement de chaleur pour donner de la *chaux éteinte.* Il y a plusieurs espèces de chaux.

La *chaux grasse* provient de carbonates de chaux à peu près purs. Elle est douce au toucher, forme avec l'eau une pâte liante et grasse, qui foisonne beaucoup en s'éteignant. Elle forme le meilleur amendement, mais le prix en est assez élevé.

La *chaux maigre* provient de carbonates de chaux moins purs et contenant de l'oxyde de fer ou de magnésie. Elle foisonne peu et dégage peu de chaleur en s'éteignant.

La *chaux hydraulique* est de la chaux contenant à peu près 10 à 25 % d'argile ; cette chaux ne peut être utilisée comme amendement, parce qu'elle durcit sous l'eau et forme un mortier très dur (ciment hydraulique).

Le mode d'emploi de la chaux varie suivant les pays.

En Allemagne, on laisse la chaux s'éteindre sous un hangar et on la répand ensuite sur les légumineuses, trèfle, luzerne, sainfoin. Ce chaulage donne d'excellents résultats.

En Italie, on dispose la chaux vive sur le sol par petits tas, distants de quelques mètres ; on recouvre ces petits tas de terre. Quand la chaux est éteinte, on la répand sur le sol et on la mélange avec la terre par un labour profond.

En France, on fait avec la chaux des *composts,* c'est-à-dire qu'on la mélange avec des boues, du gazon, des débris d'animaux ou de végétaux, etc. On laisse ensuite pourrir le tout et on porte le mélange contenant la chaux éteinte sur la terre en l'incorporant à cette dernière comme en Italie. On emploie aussi en France la méthode italienne.

Les chaulages se font avant les semailles d'automne ou de printemps. La dose à employer varie suivant la nature du sol. Quand le sol est acide ou tourbeux, la dose peut aller jusqu'à 400 hectolitres par hectare. Elle varie de 100 à 450 hectolitres.

Les effets du chaulage sont multiples :

1° La chaux augmente la perméabilité de l'argile, tandis qu'elle donne aux terres sableuses de la consistance.

2° Elle facilite la décomposition des matières organiques et en rend l'absorption par les racines plus facile : elle fixe l'ammoniaque au sol et s'oppose ainsi à sa déperdition dans l'atmosphère ; elle absorbe les matières noires du fumier très consommé. On le prouverait en filtrant du purin sur de la chaux ; le purin passerait clair et limpide. De plus, elle rend solubles les phosphates de fer ou d'alumine.

3° Enfin elle détruit certaines plantes parasites.

L'excès du chaulage amène l'épuisement du sol. Cet effet est facile à comprendre. La chaux accélérant la décomposition des matières organiques rend ces dernières plus solubles et par conséquent plus absorbables par les plantes.

62. Marnage. — La *marne* est composée d'argile et de calcaire en proportions très variables.

Les *marnes calcaires* contiennent de 50 à 80 % de calcaire. Elles se délitent très bien et sont très estimées. Elles conviennent aux terres fortes.

Les *marnes argileuses* contiennent de 10 à 50 % de calcaire et sont les plus communes. Elles se délitent lentement et conviennent aux terres siliceuses.

Les *marnes sableuses* contiennent 10 à 30 % de calcaire, 10 à 20 % d'argile, 10 à 20 % de sable. Ce sont les moins fortes et les moins compactes; on peut les employer pour amender des terres argileuses. On rencontre aussi quelques marnes *magnésiennes,* contenant du carbonate de magnésie; des marnes *gypseuses,* contenant du sulfate de chaux ou plâtre; des marnes *coquillères,* contenant une grande quantité de coquilles ou fossiles calcaires; celles-ci sont très friables.

Le marnage se fait en hiver pendant que les attelages sont libres. On marne aussi quelquefois au mois de mai et pendant le mois d'août, époque où les transports se font le plus facilement. La marne est mise en petits tas distants de 5 à 6 mètres : elle est étendue à la pelle et laissée sur le sol pendant quelque temps. On l'enterre avec un labour moyen de 15 à 20 centimètres.

La quantité de marne à employer varie suivant les terrains. La dose est de 10 à 100 mètres cubes à l'hectare. D'une manière générale, il faut apporter à la terre de 3 à 5 % de calcaire.

La marne agit comme la chaux; les marnes calcaires ont l'action la plus intense. Le choix à faire entre la marne et la chaux dépend du prix de revient de ces deux substances et de la facilité des transports. En général, la marne convient aux terres légères, la chaux aux terres acides (bruyères) ou aux terres froides.

63. Falunage. — Les *faluns* sont des débris de

coquilles calcaires provenant d'infusoires ou de mollusques. Les gisements de faluns sont peu nombreux ; il y en a en Touraine, dans l'Anjou, à Saint-Maur près de Paris. On emploie les faluns comme la marne. La dose varie de 50 à 80 mètres cubes à l'hectare. Le falunage opère son action pendant une durée de 10 à 20 ans.

64. Tanguage. — La *tangue* se trouve dans la vase des cours d'eau de Basse-Normandie, aux alentours du Mont-Saint-Michel. On en trouve également sur les côtes bretonnes. Sa composition moyenne est la suivante : silice, 50 % ; calcaires, 35 % ; matières organiques, 3 % ; substances diverses, 8 %. La tangue est extraite des gisements à marée basse. Retirée de l'eau et abandonnée à elle-même pendant quelque temps, elle augmente à peu près de $1/10$ de son volume sous l'action de la pluie. On l'emploie en Basse-Normandie à la dose de 10 à 12 mètres cubes par hectare. Elle agit comme la chaux et surtout elle contribue à rendre soluble et assimilable le phosphate de chaux. L'excès ne nuit pas au sol. La durée d'action du tanguage varie de 5 à 10 ans.

65. Plâtrage. — Le *plâtre* ou *gypse* est du sulfate de chaux. On trouve des carrières de plâtre aux environs de Paris. Le plâtre peut s'employer indifféremment *cru* ou *cuit*. Le plâtre cuit a été chauffé à 150° et a perdu de l'eau. En cet état, il est facilement pulvérisable. Le plâtre cru est moins pulvérisable, mais il coûte moins cher.

Le plâtre s'emploie au printemps ou à l'automne à la dose de 350 à 500 kilos à l'hectare. On choisit un jour où le vent est sec ; on sème à la volée sur le sol. On peut aussi faire des composts comme pour la chaux.

Le mode d'action du plâtre n'est pas encore bien connu. Ce qui est certain, c'est que l'effet du plâtre est considérable sur les légumineuses. Tout le monde connaît la célèbre expérience de Franklin, qui avait fait répandre du plâtre sur un champ de luzerne, de manière à tracer les mots : « Ceci a été plâtré. » A l'endroit où le plâtre avait été semé, la luzerne était plus haute et les mots précédents se lisaient, paraît-il, aisément. On suppose que le plâtre fournit aux plantes de la chaux assimilable et qu'il facilite la dissolution des sels de potasse et d'ammoniaque contenus dans la terre. Ainsi s'expliquerait, par exemple, son action sur le froment : le plâtre faciliterait la décomposition des sels de potasse dont le froment a besoin.

66. Platras de démolitions. — Ils renferment des nitrates, de la potasse, de la chaux, de la magnésie, du sable. Ce sont d'excellents amendements. On les réduit en petites parcelles, de la grosseur d'une noix, et on les transporte sur le sol. On les mélange à la terre par un labour. On peut encore faire des *composts*, c'est-à-dire mélanger les platras à la terre des fossés, au fumier même et les épandre sur le sol au printemps, après décomposition du mélange.

Tels sont les principaux amendements calcaires.

CHAPITRE VIII[1]

Composition chimique des cendres de végétaux.

67. Avant d'étudier la question des engrais, il nous paraît indispensable de jeter un coup d'œil sur la composition chimique des cendres de végétaux. Si, en effet, nous connaissons les éléments constitutifs du végétal, nous saurons du même coup les substances qu'il doit trouver dans l'air ou dans le sol pour se nourrir et se développer. Et si, d'autre part, l'analyse chimique du sol nous montre que celui-ci manque de certains éléments dont la plante a besoin, il nous sera facile de déterminer la nature de l'engrais qui devra être incorporé au sol pour le rendre plus productif.

Or toute plante, quelle qu'elle soit, se compose invariablement de matières *organiques,* formées de carbone, d'hydrogène, d'oxygène, substances auxquelles s'ajoute parfois l'azote, et de matières *minérales* ou *inorganiques.*

Lorsqu'on brûle une plante, les matières organiques disparaissent sous forme de gaz. Le carbone se dégage à l'état de gaz carbonique, l'hydrogène à l'état de vapeur d'eau, l'oxygène se combine au carbone et à l'hydrogène ; enfin il se dégage aussi des vapeurs azotées.

Les matières inorganiques, au contraire, restent en grande partie dans les cendres ; le poids des cendres est à peu près de 2 à 16 % du poids du végétal *préalablement desséché.*

68. **Composition des cendres.** — *Les cendres*

---

1. Ce chapitre pourra être passé à une première lecture.

renferment de la potasse. Pour le prouver, faisons bouillir pendant un quart d'heure des cendres de bois avec un peu d'eau, puis laissons reposer les matières solides au fond du vase, et décantons au moyen d'un siphon le liquide obtenu. Versons ce liquide dans une marmite et faisons-le bouillir de nouveau en prenant la précaution d'agiter avec une tige de fer au fur et à mesure que l'eau s'évapore. Nous verrons bientôt des cristaux blancs se former et un sel se cristalliser par évaporation. Ce sel est un carbonate de potasse. En effet, il fait effervescence avec les acides, preuve qu'il contient du gaz carbonique; il est soluble dans l'eau et bleuit le tournesol rouge : donc c'est un carbonate alcalin; il est indécomposable par la chaleur : c'est donc du carbonate de potasse ou de soude; enfin il est déliquescent, il absorbe l'eau de l'atmosphère pour s'y dissoudre : c'est donc bien du carbonate de potasse. Cela ne veut pas dire que les végétaux renferment du carbonate de potasse tout formé; bien au contraire : ce carbonate n'existe **pas** dans le végétal vivant. Il se forme dans la combustion du végétal; c'est à ce moment que le gaz carbonique produit se combine à la potasse provenant de la décomposition d'autres sels (oxalates, tartrates de potasse).

Les cendres d'autres végétaux (algues, goémons) renferment surtout du carbonate de soude ou *cristaux,* sel employé par les ménagères pour lessiver le linge.

69. *Les cendres renferment de la silice.* — Pour le démontrer, il suffit de prélever une certaine quantité des cendres restées dans le vase dont on s'est servi pour l'opération précédente, et de les traiter par l'acide chlorhydrique étendu d'eau jusqu'à ce que l'effervescence cesse. Après avoir agité, on laisse reposer et on filtre. Le dépôt resté sur le filtre est facile à reconnaître à l'aspect; d'ailleurs, il ne fait pas effervescence avec les acides. C'est de la silice ou du sable.

70. *Les cendres renferment de la chaux.* — Au liquide

qui vient d'être filtré, on ajoute de l'eau de cristaux, c'est-à-dire du carbonate de soude en dissolution. Un dépôt se forme immédiatement. Ce dépôt, qui fait effervescence avec les acides, n'est pas autre chose que du carbonate de chaux. Dans les deux opérations précédentes, en effet, l'acide chlorhydrique avait décomposé le carbonate de chaux et donné du chlorure de calcium soluble avec dégagement de gaz carbonique. En ajoutant du carbonate de soude, nous régénérons le carbonate de chaux et nous obtenons du chlorure de sodium qui est dissous. Les plantes renferment donc de la chaux.

71: *Les cendres renferment de l'acide phosphorique.* — Toutes les plantes ne contiennent pas de l'acide phosphorique en quantité suffisante pour que l'on puisse facilement en constater la présence. Nous choisirons des cendres de grains de blé ou même des cendres de pain, ce qui est à peu près la même chose.

Coupons donc du pain en tranches minces; mettons ces tranches dans un creuset et plaçons le creuset au centre d'un foyer ardent. Le pain se calcine; quand il a été porté au rouge pendant dix minutes environ, retirons le creuset et laissons-le refroidir. En broyant le pain incinéré, nous obtenons de la *cendre de pain,* de couleur grisâtre. Sur cette cendre, versons de l'acide chlorhydrique, puis ajoutons de l'eau et filtrons. En versant dans le liquide filtré de la potasse caustique, on voit se former un précipité blanc de phosphate de chaux (combinaison d'acide phosphorique et de chaux). Ce précipité blanc a l'aspect gélatineux et ne fait pas effervescence avec les acides.

72. **Gaz provenant de la combustion des plantes.** — Nous avons dit que ces gaz étaient du gaz carbonique, de la vapeur d'eau et des vapeurs azotées. C'est en chimie, à propos de l'analyse des matières organiques, qu'on démontre que l'azote existe dans ces matières, dans le gluten de farine, dans l'albumine du

blanc d'œuf, etc. Le principe de la méthode que nous emploierons est celui qui a été indiqué plus haut. Nous chaufferons la matière organique azotée avec de la chaux ou mieux de la chaux sodée (mélange de chaux et de soude), et l'azote se dégagera à l'état d'ammoniaque. En chauffant dans un tube à essai de la farine avec de la chaux sodée, nous verrons bleuir le papier rouge de tournesol tenu à la main à l'ouverture du tube, parce qu'il se dégage de l'ammoniaque.

Au point de vue agricole, le rôle de l'azote est considérable. Point d'organisme végétal qui n'en contienne une certaine quantité. Aussi le cultivateur soucieux d'obtenir de bonnes récoltes devra-t-il, par tous les moyens possibles, chercher à présenter aux plantes sous forme assimilable ce précieux élément. Noüs dirons plus loin comment il y réussira. — En résumé, nous venons de voir que les cendres renferment de l'azote, du phosphore (acide phosphorique), de la potasse, de la chaux et de la silice.

73. Une analyse plus minutieuse des cendres nous montrerait qu'elles contiennent encore du soufre, du chlore, du sodium, du fer, du manganèse, du magnésium.

Les plantes contiennent donc quatorze corps : l'*azote,* le *phosphore,* le *potassium,* l'*oxygène,* l'*hydrogène,* le *carbone,* le *calcium,* le *silicium,* le *soufre,* le *chlore,* le *sodium,* le *fer,* le *manganèse,* le *magnésium.*

Sur ces quatorze corps, trois sont fournis en abondance par l'atmosphère : le *carbone,* sous forme de gaz carbonique, l'*hydrogène* et l'*oxygène* sous forme de vapeur d'eau. Sept se trouvent également en abondance dans le sol ; ce sont : le *silicium,* le *soufre,* le *chlore,* le *sodium,* le *fer,* le *manganèse,* le *magnésium.*

Le cultivateur n'a donc qu'à se préoccuper de restituer au sol quatre corps dont la plante a besoin : l'*azote,* l'*acide phosphorique,* la *potasse* et la *chaux.*

Cette restitution s'opère par le moyen des engrais.

CHAPITRE IX

Engrais.

74. « L'engrais est la matière utile à la plante et qui manque au sol. » (CHEVREUL.) L'engrais sert à fertiliser la terre et à réparer les pertes que la végétation des plantes lui a fait subir.

La nécessité de l'engrais est démontrée par les considérations suivantes. Chaque récolte enlève à la terre une certaine quantité d'azote, d'acide phosphorique, de potasse, de chaux. (Nous n'avons à nous préoccuper que de ces quatre éléments.) Voici, d'après Wolff, un tableau donnant la quantité moyenne des principales substances minérales contenues dans 1,000 kilos de récolte.

SUBSTANCES	Azote	Potasse	Soude	Chaux	Acide phospho-rique	Silice	OBSERVATIONS
Foin des prés .	13.1	17.1	4.7	7.7	4.1	19.7	Le foin est riche en azote.
Pomme de terre	3.2	5.6	0.1	0.2	1.8	0.2	La pomme de terre est riche en potasse.
Better⁰ (fourrage).	1.8	4.3	1.2	0.4	0.8	0.2	
Blé (paille) . . .	3.2	4.9	1.2	2.6	2.3	28.2	La paille de blé est riche en silice.
Blé (semences).	20.8	5.5	0.6	0.6	8.2	0.3	Le grain de blé est très riche en azote et acide phosphor⁰.

La betterave fourragère donne environ 40,000 kilos à l'hectare. Cette récolte enlève donc au sol environ :

72 kilos d'azote; 32 kilos d'acide phosphorique;
170 kilos de potasse; 70 kilos de chaux.

On voit que par l'effet de la végétation le sol ira s'ap-
pauvrissant de plus en plus en azote, en acide phosphorique, en potasse et en chaux et, comme ces quatre
substances, nous le répétons, sont absolument indispensables aux plantes, le sol finira par s'épuiser. C'est
ainsi que certaines contrées de Chine, autrefois d'une
fécondité extraordinaire, sont aujourd'hui complètement
stériles.

On admet généralement qu'un sol de productivité
moyenne doit renfermer par 1.000 kilos de terre :
1 kilo d'azote, 1 kilo d'acide phosphorique, 2 kilos de
potasse, 1 kilo de chaux ; soit, en supposant une super-
ficie d'un hectare et une couche de 0^m20 d'épaisseur (la
terre ayant une densité de 1 $^1/_2$ à 2 environ) : azote,
2.500 kilos ; acide phosphorique, 2.500 kilos ; potasse,
5.000 kilos. Or une récolte en blé (20 hectolitres à
80 kilos) enlève à l'hectare environ : azote, 30 kilos ;
acide phosphorique, 12 kilos ; chaux, 1 kilo ; potasse,
39 kilos.

75. Pour être fertile, une terre doit renfermer beaucoup
plus d'éléments fertilisants que la récolte n'en exige, environ 70 fois plus. Cela tient à ce que ces éléments fertilisants ne sont pas immédiatement assimilables. Par
exemple, la terre arable renferme bien des phosphates en
quantité suffisante pour la récolte qui va suivre, mais
presque tout le phosphate *immédiatement absorbable* a été
enlevé par les récoltes précédentes. Le phosphate qui
reste dans la terre, ne deviendra assimilable que peu à
peu, au fur et à mesure qu'il se dissoudra dans l'eau, et
nous avons vu que cette dissolution est facilitée par la
présence de la chaux et du plâtre. Or le phosphate non
assimilable, c'est-à-dire le phosphate insoluble, est pour
la plante comme s'il n'existait pas. Une terre peut donc

être très riche en matières fertilisantes et se conduire comme une terre stérile.

Voilà pourquoi on préconisait autrefois l'emploi de la *jachère*. Pendant la période de jachère, une partie des matières organiques devient soluble et la terre s'enrichit d'un peu d'ammoniaque provenant de l'air et dissous par la pluie. La quantité disponible d'éléments fertilisants se trouve donc par là augmentée. Mais la jachère n'est utile que comme pis-aller, dans les pays où manque l'engrais. Le but à poursuivre, c'est de faire rendre à la terre le maximum de ce qu'elle peut produire. Et pour cela, il faut lui restituer chaque année les éléments nutritifs solubles enlevés par la récolte. Cette restitution s'opère par les engrais.

76. Classification des engrais. — On peut ranger les engrais en quatre classes d'après leur provenance : 1° engrais végétaux; 2° engrais animaux; 3° engrais mixtes, 4° engrais minéraux.

ENGRAIS VÉGÉTAUX

77. Les engrais végétaux comprennent les substances exclusivement tirées des végétaux; ce sont les engrais verts (certaines plantes : buis, goémons, varechs), les marcs et les tourteaux.

78. Engrais verts. — Un engrais vert est constitué par des végétaux enfouis dans le sol à l'état vert. Cette matière végétale est obtenue par les semis de différentes plantes, dont les plus employées sont : le lupin, le sarrasin, la vesce, les pois, la spergule. Ces plantes se sèment aussitôt la récolte de l'année enlevée et sur un simple labour. Quand les plantes sont en fleur, on passe un coup de rouleau dessus et on laboure dans le sens du roulage.

Les résidus végétaux, fanes de pommes de terre,

feuilles de betteraves, etc., forment des engrais verts qui ne sont pas à dédaigner.

D'une manière générale, les plantes qu'on utilise comme engrais verts doivent avoir de profondes racines pour puiser dans le sous-sol les éléments nutritifs et un développement foliacé assez grand pour fournir des matières organiques. Après les labours, la plante a ramené dans la terre arable les éléments nutritifs puisés dans le sous-sol et dans l'atmosphère; elle est ainsi un véhicule de l'engrais.

79. Matières végétales diverses. — Le *buis*, qui pousse spontanément sur nos coteaux calcaires, pourrait être utilisé comme engrais vert. Il est plus riche en azote que le fumier de ferme.

Les *goémons* et *varechs* sont recueillis sur le rivage de la mer à marée basse. Grâce à ces plantes, la Bretagne est comme entourée d'une « ceinture dorée ». A quelques kilomètres de la mer, on se trouve dans la lande dénudée, mais près du rivage les cultures sont très riches. Le contraste, dans certaines régions, est frappant.

Le goémon est très riche en potasse et en soude; il se vend de 2 à 3 francs le mètre cube. On en fait des composts avec du fumier, de la tangue, ou bien on le laisse fermenter en tas. La quantité à employer est de 20 à 60.000 kilogrammes à l'hectare. — Le goémon de mer, qu'on retire du fond de la mer en toute saison, est le meilleur. Le goémon de rivage, que la mer rejette, est moins bon.

80. Les *déchets* de la préparation de la filasse, du lin et du chanvre, les branchages verts et les arbustes, les sarments de vigne sont des substances qui peuvent être utilisées comme engrais verts ou être mélangées au fumier, à la terre, à la litière, pour faire des composts.

81. Marcs. — Les *marcs de raisins* et de *pommes* contiennent une assez forte proportion de potasse et d'azote.

Le *marc de café* contient beaucoup d'azote (1,85 %) et peut être utilisé avec avantage pour fertiliser les terres. Les *roseaux, carex, joncs,* sont également très riches en potasse.

82. Tourteaux. — Les tourteaux sont des résidus industriels provenant de l'extraction de l'huile contenue dans les graines oléagineuses. Les tourteaux les plus employés sont ceux de coton, de sésame, d'arachide, de colza, de noix.

Les tourteaux sont utilisés pour la nourriture du bétail, ou comme engrais. Quand on les utilise comme engrais, on les réduit d'abord en poudre grossière.

On les emploie à deux époques : à l'automne sur le labour, quatre ou cinq jours avant de semer, car leur décomposition risquerait de nuire à la graine en germination ; au printemps, en couverture sur la plante en végétation.

La dose varie de 800 à 1,500 kilos à l'hectare.

On utilise aussi comme engrais les *pulpes* et les *vinasses* de betteraves, résidus de la fabrication du sucre ; les *drèches* et *touraillons,* plus riches en azote et en acide phosphorique que le fumier de ferme et provenant des *malteries* et *brasseries ;* la *tannée,* résidu du tan employé dans la fabrication des cuirs et peaux.

Toutes ces substances se décomposent lentement et se prêtent assez bien à la confection des *composts.*

CHAPITRE X

Engrais animaux.

83. On comprend sous ce nom les déjections humaines, les déjections animales, les engrais provenant de la peau, des os, du sang, de la laine, de la corne et de tous les autres débris animaux.

84. **Déjections humaines.** — Les résidus de l'alimentation de l'homme constituent un excellent engrais, très riche en azote et en acide phosphorique. Cette richesse tient à l'alimentation très complexe de l'homme. Voici la composition moyenne de ces déjections :

	Azote	Acide phosphor.	Potasse	Chaux
Excréments humains (frais).	10	10.9	2.5	6.2
Urine humaine (fraîche). . .	6	1.7	2	0.2

M. Grandeau a calculé que la valeur des déjections humaines par tête et par an est d'environ 12 francs, ce qui, en supposant que la France possède 38,000,000 d'habitants, donne une somme de 456,000,000 francs. Par suite de la répugnance des cultivateurs à employer cet engrais et du système du « tout-à-l'égout » dans les villes, cette somme est presque entièrement perdue. On a calculé aussi que les excréments de 20 personnes suffiraient à fumer un hectare. Ces chiffres en disent plus que tous les raisonnements : ils suffiront à convaincre l'agriculteur de la nécessité de recueillir ces déjections.

Une bonne méthode pour utiliser les déjections humaines serait de les recueillir dans une tinette à poignée, qu'on pourrait facilement verser dans les fosses à purin, sur les fumiers ou sur les composts. Les fosses d'aisances pourraient être placées au-dessus des fosses à purin ou mises en communication avec elles au moyen d'une canalisation. Le nettoyage des fosses serait fait par les eaux du ménage ou des gouttières. Non seulement les cultivateurs n'ont pas de fosse à purin, mais ils déposent souvent leurs déjections à l'air libre.

Dans plusieurs grandes villes, les matières fécales vont se déverser dans un cours d'eau par des canaux souterrains, qui débouchent en aval de la ville. C'est le système du « tout-à-l'égout ». La municipalité se prive ainsi d'un revenu considérable, sans compter que les déjections empoisonnent l'eau du cours d'eau au grand détriment de l'hygiène publique. Mais précisément la raison d'hygiène oblige les villes à se débarrasser le plus promptement possible de leurs immondices. Il y a là un problème assez difficile à résoudre.

On utilise les matières fécales de préférence à l'état frais.

85. En Flandre, chaque ferme possède une citerne étanche construite en briques et contenant 40 à 50 mètres cubes.

Toutes les fois que les travaux le leur permettent, les cultivateurs vont à la ville chercher deux ou trois tonneaux de matières fécales qu'ils vident dans la citerne. Au bout de deux, trois ou quatre mois, ils puisent dans celle-ci un engrais d'une odeur forte et piquante. On ajoute de l'eau à cet engrais, s'il n'est pas assez liquide ; on jette des tourteaux dans la fosse, s'il l'est trop. Au moyen d'une pompe à main, on fait monter l'engrais dans des tonneaux. L'épandage se fait au moyen de ces tonneaux, ou à la lance d'arrosage, ou encore au moyen d'un cuveau assez large et facilement transportable. L'engrais s'applique généralement à l'automne, à la dose de 10 à 50 mètres cubes à l'hectare.

On peut aussi le mélanger avec d'autres matières absorbantes, telles que la tannée, et l'employer comme le fumier.

Les déjections humaines doivent être utilisées avec circonspection. Leur action est très puissante, mais de courte durée, presque annuelle. Précisément à cause de leur décomposition rapide, on doit les employer sur les plantes qui ne craignent pas la verse, telles que les racines fourragères, les choux, mais très prudemment sur les graminées. D'un autre côté, ces déjections apportent à la terre beaucoup d'azote; or nous verrons plus tard qu'il est très important de ne pas bouleverser l'équilibre des quatre éléments fertilisants cités plus haut. L'excès d'un des éléments de l'engrais complet est inutile, et nuit même à la fécondité du sol.

86. Poudrette. — Lorsqu'on abandonne les matières fécales à elles-mêmes, une partie solide se dépose et une partie liquide surnage par-dessus. La partie solide est riche en acide phosphorique; la partie liquide ou *eaux vannes* contient une grande proportion de la potasse et de l'ammoniaque des déjections. Les eaux vannes sont même utilisées industriellement pour extraire le sulfate d'ammoniaque. Quant à la partie qui s'est déposée, elle est desséchée et le produit de cette dessiccation, quelquefois mélangé à d'autres substances, prend le nom de *poudrette*.

La poudrette se répand au moment des labours. Elle est semée en poudre fine, à la dose de 20 à 25 hectolitres par hectare.

87. Colombine. — La *colombine* est la fiente recueillie dans les pigeonniers. Sous le nom de colombine, on confond les déjections des poules (*galline*) et celle des pigeons (*colombine*).

C'est un engrais énergique, qui s'applique avec avantage aux luzernes et autres plantes fourragères. Il ne convient pas aux céréales, à cause des mauvaises graines qu'il peut contenir. La dose est de 4 à 5 hectolitres par hectare.

88. Guano. — Le *guano* est un engrais d'importation, provenant en grande partie des îles Chincha, près du Pérou. Le guano est formé par les déjections d'oiseaux pêcheurs (pingouins, cormorans) mêlées à des débris de chair d'animaux ou de poissons. Les guanos sont riches en azote et acide phosphorique.

L'action du guano est rapide; elle dure deux ans au plus. Cet engrais convient bien aux prairies et céréales, à la dose de 400 à 600 kilos à l'hectare. On en fait usage au moment des semailles, ou au printemps en couverture.

Le *phospho-guano* est un mélange de guano et d'os. Le *guano dissous* est du guano qui a été traité par l'acide sulfurique et rendu ainsi plus assimilable.

89. Noir animal. — Cet engrais provient de la calcination des os en vase clos. Après la calcination, les os ont été réduits en poudre et mélangés à du sang desséché. Ce mélange est employé en agriculture, après avoir servi à la clarification du sucre. On l'emploie à la dose de 5 hectolitres à l'hectare. Il convient surtout aux terres de défrichement.

90. Débris animaux divers. — Le *sang desséché* peut être utilisé comme engrais. Le sang à l'état frais doit être désinfecté par du sulfate de fer ou *couperose verte*.

Longtemps les *animaux morts* de maladie, de vieillesse ou d'accident ont été dans la campagne enfouis en terre ou bien simplement abandonnés sur le bord d'un fossé, au milieu d'un champ ou dans un lieu désert; le tout au grand détriment de la santé publique et de la fertilité des terres. Désormais, il n'est plus permis à un cultivateur un peu instruit de ne pas utiliser tous les débris des animaux qu'il peut avoir sous la main.

On a successivement préconisé la combustion des cadavres ou leur cuisson pour l'alimentation des porcs. En 1883, un nouveau procédé fut préconisé par M. Aimé Girard. Il a fait connaître qu'on peut dissoudre totalement les cadavres des animaux en les immergeant à froid dans de l'acide sulfurique à 60° Baumé et qu'on peut utiliser ensuite l'acide renfermant la matière organique en dissolution pour attaquer le phosphate de chaux tribasique et obtenir un engrais. (Voir *Engrais phosphatés*.)

La quantité de matières animales que l'acide peut dissoudre est environ les $^2/_3$ du poids de l'acide employé. Des expériences ont démontré que les germes de maladies contagieuses qui peuvent exister dans les corps des animaux, sont complètement détruits par l'acide sulfurique.

Cette utilisation d'animaux morts peut très bien être employée dans les clos d'équarrissage et dans beaucoup d'exploitations agricoles.

91. Engrais de poissons. — Les résidus de pêcheries sont des engrais très actifs, malheureusement peu utilisés. On emploie ces matières après dessiccation; elles contiennent environ 12% d'azote et 16% de phosphate. C'est une richesse plus grande que celle des guanos de bonne qualité, lesquels ne contiennent guère que 10% d'azote et 14% de phosphate.

92. Débris de laine. — On emploie depuis longtemps dans les pays vignobles les chiffons de laine comme engrais. Le chiffon se décomposant très lentement dans le sol, on a cherché à en hâter la transformation en le soumettant à l'action de l'acide sulfurique ou de la vapeur d'eau surchauffée. Cette transformation augmente l'efficacité de l'engrais. Après que la laine a été dissoute, on évapore à sec et on obtient une poudre brune, d'odeur caramellée, presque entièrement soluble dans l'eau. Cette poudre contient 15 à 18 % d'azote.

93. **Rognures de cuir.** — Les *rognures de cuir* peuvent être employées comme engrais, après avoir été pulvérisées ou désagrégées. Leur décomposition est très lente. Elles conviennent aux cultures arbustives. La proportion d'azote est de 9 %.

94. **Cornes, crins, cheveux, poils, plumes.** — Toutes ces matières peuvent servir d'engrais. On les fait torréfier pour augmenter leur pouvoir d'assimilation. On peut aussi les incorporer aux composts.

CHAPITRE XI

Engrais mixtes. — Fumiers.

95. Les engrais mixtes sont les *gadoues* et les *fumiers*.

96. **Gadoues.** — Les *gadoues* résultent du mélange des boues des villes avec les résidus de ménage ou d'atelier, en un mot de tous les détritus dont les villes doivent se débarrasser, pour des raisons d'hygiène et de propreté. Cette composition est à peu près celle du fumier de ferme, qui sera indiqué plus loin.

On laisse fermenter les gadoues comme le fumier. On peut aussi en faire des composts. On les utilise pour la culture maraîchère, aux environs des grandes villes, où elles sont à prix réduit et d'un transport facile.

FUMIERS

97. Le *fumier* est un engrais mixte, car c'est un mélange des excréments solides et liquides des animaux avec des substances employées comme litière.

Après avoir prélevé sur ses aliments les éléments nécessaires à sa nutrition, l'animal rejette le surplus, soit sous forme de déjections solides ou *fèces*, soit sous forme de liquide ou *urine*. Ce mélange d'excréments et de litière entre bientôt en fermentation et la température du mélange s'élève, l'eau qu'elle contient se vaporise et l'on voit comme un brouillard, une fumée s'élever de la masse. Lorsque la fermentation est achevée, on ne distingue plus ni litière, ni excréments : le fumier est noirâtre; on l'appelle *beurre noir*. L'azote des matières organiques s'est alors transformé en ammoniaque. On comprend que la qualité du fumier doit dépendre : 1° de la nature de l'animal qui le fournit, de son état de santé, de son âge; 2° de son alimentation, de son travail; 3° de la nature des substances employées comme litière. Le fumier dit de *ferme* provient du mélange des fumiers des divers animaux domestiques de la ferme.

98. **Influence de la nature de l'animal.** — Les bouses des bêtes bovines et porcines sont fluides et s'allient facilement à la litière. Le fumier de vaches et de porcs fermente lentement; il est très aqueux; c'est un fumier *froid*. Il se décompose aussi lentement. Pour toutes ces raisons, ce fumier convient bien aux terres calcaires.

Au contraire, le fumier des chevaux est un fumier *chaud*, fermentant et se décomposant rapidement. Ainsi, en sortant de l'écurie, le fumier de cheval contient 2,70 % d'azote; une nuit après, il n'en contient plus que 1,50 %. Pour empêcher l'échauffement rapide de ce fumier et sa fermentation vive, on doit l'arroser fréquemment et le tasser fortement. Il convient surtout aux terres froides ou argileuses.

Le fumier de mouton est le plus riche; il se décompose moins rapidement que le fumier de cheval et plus rapiment que le fumier de bœuf. Cela tient à plusieurs causes. D'abord, les moutons ne font aucun travail; ils exigent peu de litière; leurs excréments sont piétinés pendant un mois ou deux dans la bergerie; enfin une autre cause d'enrichissement est le suint de la laine qui exsude sur l'aire de la bergerie. Le fumier de mouton convient aux céréales et aux betteraves.

99. **Influence de l'alimentation.** — La richesse du fumier dépend plus encore de l'alimentation de l'animal que de l'espèce à laquelle il appartient. Tout ce que l'animal ne s'assimile pas retourne au fumier. Si la nourri-

ture est insuffisante, l'animal prend tout l'azote des aliments; si elle est abondante et substantielle, l'animal rejette l'excédent d'azote, qui se retrouve dans le fumier. En nourrissant mal les animaux, le cultivateur économise sur le fourrage, mais, son fumier étant moins riche, il perd sur ses récoltes. En les nourrissant bien, il n'économise pas sur le fourrage, mais, son fumier étant meilleur, ses terres sont plus fertiles. *Bien nourrir coûte cher, mais nourrir mal coûte plus cher encore.* En général, un animal bien nourri peut donner 20 fois son poids de fumier par an.

Remarquons également que plus l'animal travaille, plus il consomme et moins son fumier est riche.

100. Influence de la litière. — Les litières sont utiles pour le bien-être de l'animal ; elles servent aussi pour incorporer leurs déjections; enfin elles ajoutent au fumier leur richesse propre en éléments fertilisants.

Une litière est d'autant meilleure qu'elle permet à l'animal de reposer plus doucement, que son pouvoir absorbant pour les gaz et les liquides est plus développé et que la décomposition en est plus rapide.

Le cultivateur doit rechercher les litières les meilleures et les moins chères.

Celles qui sont le plus communément employées sont : les *pailles*, les *balles*, les *fanes* de certaines plantes, les *feuilles d'arbres*, la *tourbe*, les *sciures de bois* et la *terre*.

Les pailles des céréales forment les meilleures litières. Elles procurent un lit agréable aux animaux et elles peuvent absorber facilement près de quatre fois leur poids de liquide, quand elles sont sèches. L'ordre de qualité des pailles employées comme litière est le suivant :

Froment, seigle, avoine, orge.

La paille de seigle est ordinairement utilisée pour la confection des liens. — Les balles de blé et d'avoine forment aussi d'excellentes litières.

Quand on ne récolte pas suffisamment de paille, on peut employer d'autres substances comme litière. Ainsi les *feuilles d'arbres* fournissent un lit assez élastique pour les animaux; malheureusement leur pouvoir absorbant est faible. — Les *fougères* et les *bruyères* donnent un lit moins élastique que les feuilles et ont une puissance d'absorption encore plus faible. — Les *mousses* forment une excellente litière à tous les points de vue, mais il est difficile de s'en procurer une quantité suffisante. — La *tourbe* la meilleure pour faire de la litière est celle qui n'a pas encore subi une décomposition assez complète pour être combustible. Il faut la laisser dessécher et enlever la terre qui adhère aux débris végétaux. Le pouvoir absorbant de la tourbe est considérable. — Les *sciures* les meilleures pour litière sont celles de bois blanc : peuplier, saule, pin et sapin. Leur pouvoir absorbant égale au moins celui de la paille. — La *terre sèche* peut servir de litière, mais il vaut mieux la disposer par couches, en la faisant alterner avec d'autres matières.

Telles sont les qualités des principales litières.

101. Composition du fumier. — Voici, d'après Wolff, la composition moyenne des différentes espèces de fumier (pour 1,000 kilos).

Différentes espèces de fumiers	Azote	Acide phospho-rique	Potasse	Chaux
Fumier de cheval	4.4	3.5	3.5	1.5
— bœuf	2.9	1.7	1.	3.4
— mouton	5.5	1.5	3.1	4.6
— porc	6.	4.1	2.6	0.9
Urine de cheval	15.5		15.	4.5
— bœuf	5.8		14.9	0.1
— mouton	19.5	0.1	22.5	1.6
— porc	4.3	0.7	8.3	
Fumier de ferme frais	4.5	2.1	5.2	5.7
— décomposé	5.	2.6	6.3	7.
— très décomposé	5.08	3.	5.	8.8

102. Importance et valeur du fumier comme engrais. — De tous les engrais employés par le cultivateur, le fumier est le plus important. Le premier effet que produit le fumier dans la terre est de l'ameublir si elle est argileuse, et de lui donner du corps si elle est légère. Or on sait de quelle importance est pour la plante l'ameublissement du sol. N'étant pas douée de mouvement, la plante doit trouver sur place, en contact direct avec ses racines, les éléments nutritifs dont elle a besoin. A ce point de vue, le rôle du fumier est capital et *aucun engrais ne peut lui être substitué.*

D'un autre côté, les tableaux précédents montrent que le fumier est un engrais *complet,* c'est-à-dire qu'il contient toutes les substances nécessaires au développement de la plante. La préoccupation constante du cultivateur doit donc être d'obtenir de bon fumier.

Cette préoccupation doit être d'autant plus grande que la *valeur commerciale* du fumier dépend dans une certaine mesure de sa richesse en azote, acide phosphorique, potasse et chaux.

Voici approximativement le prix de 1,000 kilos de fumier de ferme décomposé, l'azote valant dans les engrais chimiques environ 1 fr. 80 le kilogramme, l'acide phosphorique 0 fr. 65, la potasse 0 fr. 45. On se servira du tableau précédent pour effectuer ce calcul.

Prix de l'azote.	5,00 × 1 fr. 80	= 9 fr.
— l'acide phosphorique.	2,60 × 0 fr. 65	= 1 fr. 69
— la potasse.	6,30 × 0 fr. 45	= 2 fr. 83
Prix de 1,000 kilos de fumier. . . .		13 fr. 52

Or dans certains pays la tonne du fumier vaut 15 francs. C'est beaucoup trop cher. D'un autre côté, il faut remarquer que la décomposition du fumier dans la terre dure plusieurs années, tandis qu'en général les engrais chimiques exercent leur action dès la première récolte. Le prix des éléments fertilisants dans les fumiers doit donc être moins élevé que dans les engrais chimiques. De cette façon nous devons conclure que la tonne de fumier vaut de 7 à 8 francs.

103. Veut-on savoir maintenant quelle est la perte subie par le cultivateur français par suite d'une mauvaise méthode de préparation ou de conservation du fumier? D'après des calculs aussi précis qu'il est possible en pareille matière, on a évalué cette perte à un milliard, dont 500 millions pour les villes qui pratiquent le système du « tout-à-l'égout » et 500 millions que nous laissons s'anéantir dans les villes et les campagnes par négligence ou mauvaise administration.

Ces pertes s'expliquent aisément.

Puisque la puissance fertilisante et la valeur d'un fumier dépendent des quantités d'azote, d'acide phosphorique, de potasse, de chaux que ce fumier contient, il est de toute évidence que le cultivateur intelligent doit chercher par tous les moyens possibles à retenir dans le fumier ces éléments fertilisants. Or on les laisse disparaître soit par évaporation, soit par dissolution dans le purin, que le cultivateur ignorant laisse s'écouler dans le fossé voisin. Voici à cet égard quelques considérations qui achèveront de convaincre les plus incrédules.

104. Le principe essentiel de l'urine est l'*urée*, qui, après avoir subi la fermentation putride, se transforme en carbonate d'ammoniaque, sel qui se volatilise facilement et dont la vapeur est reconnaissable à son odeur piquante. C'est le carbonate d'ammoniaque qui commence à attaquer la litière; c'est ce corps qui accélérera la formation de l'humus; c'est lui enfin qui contient presque tout l'azote du fumier.

Il faut donc en empêcher la déperdition; or voici une expérience qui montre combien cette déperdition est considérable (fig. 9).

Prenons deux vases en grès d'environ 20 centimètres de hauteur. Mettons du gravier à une hauteur d'environ 8 centimètres et achevons de remplir ces vases avec une terre à peu près stérile, du sable par exemple.

Faisons reposer les pots sur une assiette qu'on maintiendra pleine d'eau et exposons le tout à la lumière solaire. Semons sur cette terre du ray-grass, végétal avide d'azote. Le ray-grass pousse d'abord jusqu'à 3 ou 4 centimètres de hauteur; coupons-le à ce moment et mettons l'un des deux pots en communication avec

Fig. 9.

un flacon bouché et traversé par deux tubes dont l'un est deux fois coudé à angle droit. Dans ce flacon on a introduit un mélange de fumier et de purin. Les vapeurs ammoniacales, qui se dégagent du flacon, font pousser rapidement le ray-grass du vase A, tandis que celui du vase B jaunit et ne tarde pas à mourir. « Or, si du fumier, enfermé dans une bouteille et perdant par conséquent peu de sa valeur, a laissé dégager de quoi nourrir une forte touffe d'herbe, on comprend que le fumier éparpillé dans une cour sur une grande surface laissera échapper une grande quantité de matières nutritives. » (M. René Leblanc[1].)

Le cultivateur devra donc chercher par tous les moyens

1. *Notions de sciences physiques et naturelles appliquées à l'agriculture*, par René Leblanc. 1 vol. in-12, André Guédon.

possibles à éviter l'évaporation de l'ammoniaque, et pour cela il devra tasser fortement le fumier pour éviter l'accès de l'air et arroser fréquemment le tas avec du purin pour empêcher l'échauffement produit par la fermentation.

105. L'autre cause d'appauvrissement de fumier est l'écoulement du purin. Malheureusement le cultivateur laisse s'échapper le liquide fertilisant avec l'eau de pluie qui tombe sur le tas, ou bien le purin croupit dans la cour de ferme où il forme des flaques répandant une odeur nauséabonde. Souvent même les animaux s'abreuvent dans ces flaques corrompues; ils contractent alors quelquefois les germes de maladies épidémiques.

Voici une expérience qui renseignera nos agriculteurs sur l'étendue de leur perte.

Prenons deux pots de grès A et B et remplissons-les de terre peu fertile et légèrement tassée (fig. 10). Filtrons sur la terre du pot A un volume de purin égal à la moitié du volume de ce pot. Nous pouvons constater que l'eau filtrée est presque limpide, et, si cette eau était analysée, on constaterait qu'elle ne contient presque plus d'éléments fertilisants. Ces éléments ont été absorbés par la terre. Dans chacun des deux pots nous sèmerons ensuite quelques grains d'orge, et, quand l'orge sera levée, nous laisserons le même nombre de pieds dans chaque pot. Nous placerons le tout en plein air, en ayant soin d'arroser de temps en temps. Au mois d'avril, on pourra

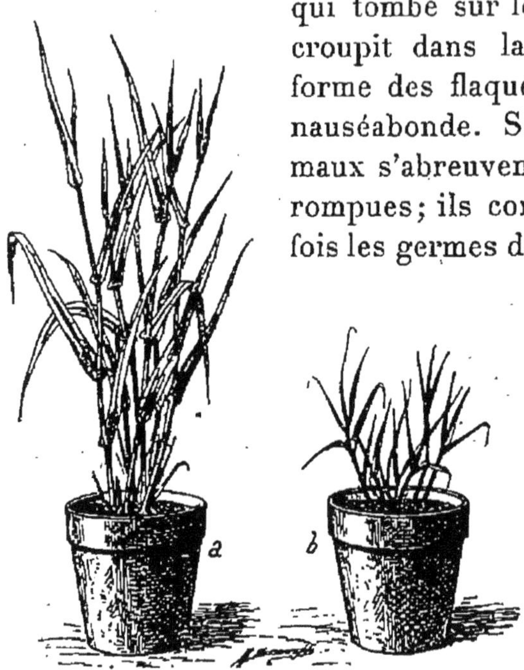

Fig. 10.

constater que l'orge poussée dans le vase A sera très belle, tandis que l'orge du vase B sera au contraire très petite et rabougrie[1].

La puissance fertilisante du purin se trouve ainsi démontrée par l'expérience. Une analyse chimique montrerait également que le purin contient en grande quantité de l'azote, de l'acide phosphorique, de la potasse et de la chaux.

En résumé, nous pouvons établir les principes suivants :

1° Il faut éviter la déperdition, par évaporation, de l'ammoniaque du purin.

2° Il faut éviter la déperdition du purin par écoulement; d'où la nécessité d'une fosse à purin dans toutes les fermes.

Comment le cultivateur réussira-t-il à satisfaire à ces deux conditions?

Nous allons l'indiquer sommairement.

106. Préparation et conservation du fumier. — Les chevaux doivent être nettoyés autant que possible tous les jours, les bêtes à cornes trois fois par semaine, et les moutons une fois par mois. Certains cultivateurs nettoient leurs moutons seulement tous les hivers; c'est beaucoup trop rarement. S'ils font ainsi une économie de litière, ils perdent sur les principes fertilisants du fumier, sans compter qu'ils laissent les moutons dans une atmosphère malsaine.

On transporte le fumier des étables et écuries au moyen de la brouette ou de la civière.

L'enlèvement du fumier se fait généralement à la fourche : le tas devra se trouver dans la cour de la ferme et à proximité des étables et écuries. On doit éviter de le placer sous les égouts des toits ou près des fossés, car le fumier serait lavé et perdrait sa qualité. Il doit être à l'abri du soleil desséchant du midi. Enfin les voitures doivent pouvoir circuler librement à l'entour.

1. Expérience de M. René Leblanc. Ouvrage cité.

107. Couverture des fumiers. — L'utilité des couvertures pour le fumier a été vivement discutée. Ce qui est bien certain, c'est qu'on doit soustraire le fumier à l'action d'un soleil trop intense ou de pluies abondantes. L'ombre peut être obtenue en garnissant le côté du sud d'une plantation d'arbres. Les ormes et les marronniers conviennent très bien à cet usage.

On peut abriter le fumier en recouvrant la face supérieure avec une épaisse couche de terre. On a également recommandé de l'abriter au moyen de couvertures fixes ou mobiles. Les couvertures fixes ont l'inconvénient de coûter un peu cher, surtout parce que les émanations entraînent la destruction rapide des bois. On conseille d'appliquer sur des pieux des traverses soutenant de simples paillassons de jardin. La terre battue est préférable à tout cela, car elle agit par son poids sur la fermentation du fumier et absorbe les principes fertilisants qui tendent à s'évaporer.

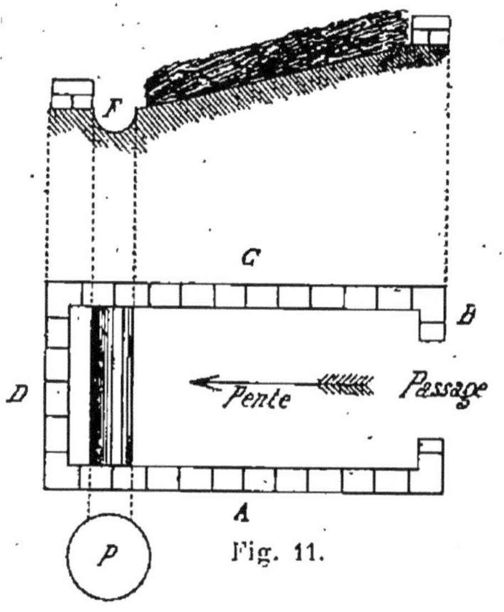

Fig. 11.

108. Fosses et plates-formes. — L'aire du tas doit être incompressible et imperméable; on peut se contenter d'une espèce de béton formé de pierres cassées, incorporées dans l'argile. Enfin l'aire devra être entourée de murs ou d'un remblai sur les côtés A, B, C, D (fig. 11). Dans le sens B D, l'aire se trouvera en pente et la pente aboutira à un fossé, qui lui-même se déversera dans une fosse à purin P. Une pompe à purin plongeant son tuyau dans cette fosse servira à arroser le tas. On peut aussi employer la disposition en plates-formes, indiquée par la figure 12. La plate-forme en double pente entoure la fosse à purin, dans laquelle plonge le tuyau d'une pompe. Le purin se rend à la fosse par des conduits latéraux et souterrains. Ces deux dispositions permettent d'empêcher le rapide échauffement du tas. De temps en temps, en effet, on peut l'arroser avec du purin au moyen de la pompe.

Il faudra aussi répandre le fumier de l'étable en couches bien régulières. Le pourtour du tas devra être monté régulièrement. Pour cela, on prendra une pelisse de

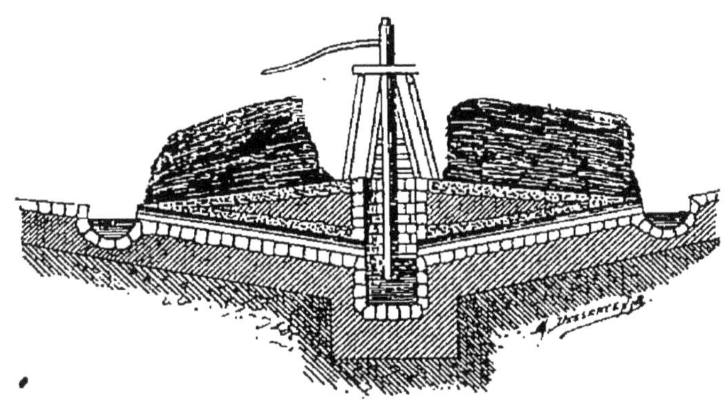

Fig. 12.

fumier que l'on recourbera en son milieu. De cette façon, les bords du tas seront suffisamment tassés et ne se dessécheront pas trop vite.

Les dimensions du tas varieront avec la quantité du bétail, mais on fera bien de ne pas lui donner une grande hauteur, afin de ne pas laisser séjourner le vieux fumier sous le nouveau.

Enfin on pourra, entre les lits de fumier, intercaler quelques lits de terre, qui absorberont l'ammoniaque. Toutes ces dispositions réduiront à leur minimum la perte des principes fertilisants du fumier.

109. Application du fumier dans les champs. — Le fumier s'emploie surtout à deux époques, en automne et au printemps, pour les ensemencements qui se font à ce moment. On ne devrait jamais fumer directement une céréale, mais employer le fumier sur la culture qui la précède.

Avant d'employer le fumier, on a l'habitude de le brasser. On opère le brassage jusqu'à trois ou quatre fois, afin d'obtenir une division complète. Malheureusement ces brassages répétés trop souvent diminuent la qualité du fumier. Il y a perte des matières fertilisantes, qui s'échappent à l'état gazeux.

110. Transport. — On charge le fumier dans des charrettes ou des tombereaux pour le transporter dans les champs. Là, les ouvriers le déchargent en petits tas espacés de sept à huit mètres. On doit répandre immédiatement le fumier sur les champs, de peur que les pluies ne viennent laver les tas et n'entraînent dans le sol une trop grande quantité de matières fertilisantes, qui plus tard feraient verser la céréale poussant à la place où se trouvait le tas.

Quand l'épandage est terminé, on doit enfouir immédiatement. Sur les prairies, on fait ce que l'on appelle une *fumure en couverture.* Cette méthode donne lieu à une très grande perte d'azote, causée par l'éparpillement à la surface du sol.

La fumure moyenne est de 30,000 kilos à l'hectare, c'est-à-dire de 38 à 40 mètres cubes, puisque le mètre cube de fumier pèse de 700 à 800 kilos en moyenne.

111. Problème. — Sachant qu'une récolte en blé produit 4,000 kilos de paille à l'hectare et 15 hectolitres de grain pesant 76 kilos l'hectolitre, déterminer, d'après les tableaux de la composition chimique du fumier indiqués précédemment, la quantité de fumier de ferme qu'il faudra restituer à l'hectare de terre, pour que le pouvoir fertilisant ne soit pas diminué.

Poids des 15 hectolitres de grain : $76^{kg} \times 15 = 1$ tonne 140.

Éléments fertilisants enlevés par la récolte :

	Potasse	Azote	Acide phosphorique	Chaux
1º Par la paille.	19,60	12,8	9,20	10,4
2º Par le grain. .	6,27	23,71	9,34	0,684
Totaux. . . .	25,87	36,51	18,54	11,084

Or une tonne de fumier contient : potasse $6^k,3$; azote 5^k ; acide phosphorique $2^k,6$; chaux 7^k.

Pour remplacer la potasse, on devra mettre $\frac{25,87}{6,3} = 4$ tonnes env. de fumier.

—   l'azote   —   — $\frac{36,51}{5} = 7$ tonnes 1/4 env. de fumier.

—   l'acide phosp.   —   — $\frac{18,54}{2,6} = 7$ tonnes 1/2 env. de fumier.

—   la chaux   —   — $\frac{11,084}{7} = 1$ tonne env. de fumier.

112. Insuffisance du fumier. — Désignons par P le poids total des récoltes recueillies par un cultivateur. Le cultivateur vend d'abord un poids p de ses récoltes, le reste pesant p' sert à l'alimentation du bétail, de telle sorte que : $P = p + p'$.

Ce poids p' se décompose lui-même en deux autres : l'un p'' sert à la nutrition du bétail, l'autre p''' n'est autre chose que le poids des excréments liquides ou solides. Le bétail étant vendu, on peut dire qu'il sort de la ferme un poids de récoltes égal à $p + p''$.

Le fumier de ferme ne contient donc qu'une partie de l'acide phosphorique, de la potasse, de la chaux fournie par la terre. Par suite il est impuissant à rendre à celle-ci tous les éléments fertilisants qu'elle a perdus. Si l'on ajoute à cette cause générale d'insuffisance du fumier la perte en éléments nutritifs subie par ce dernier dans les circonstances que nous avons indiquées, on comprendra qu'on puisse arriver à cette conclusion que les *cent millions de tonnes de fumier produites annuellement en France ne peuvent fournir que la moitié des éléments ferti-*

lisants contenus dans la récolte d'une année. On remédie à cette insuffisance par l'emploi des *engrais minéraux*.

Ces engrais présentent encore une autre utilité : avec eux, le cultivateur peut modifier à son gré la proportion d'éléments fertilisants contenus dans la terre. Trouve-t-il que la terre manque d'azote? il lui incorpore du nitrate de soude ou du sulfate d'ammoniaque. Manque-t-elle de phosphore? il lui apporte du phosphate de chaux. Or il est impossible d'agir ainsi avec le fumier.

De ces considérations résulte la nécessité de l'emploi des engrais minéraux.

CHAPITRE XII

Engrais *(suite).*

113. Engrais minéraux. — Comme on vient de le voir, les engrais chimiques ne doivent s'employer que comme complément de fumure : nous n'hésitons pas à affirmer qu'employés seuls ils ne seraient pas susceptibles d'entretenir la fertilité.

On se fait une idée bien fausse des engrais chimiques dans les campagnes, et malgré les bons effets qu'ils produisent, ils sont l'objet de véritables préjugés. Tout en les employant, nombre de cultivateurs ont une arrière-pensée ; ils craignent que leur action ne se borne simplement à forcer la terre à produire par un mécanisme tout particulier, et ils ont peur de voir à bref délai la ruine suivre l'emploi de ces engrais.

Les engrais chimiques peuvent rendre d'importants services à l'agriculture, mais à la condition d'être employés rationnellement et *mis en contact avec la matière organique apportée par les fumures ou existant déjà dans le sol.*

Les engrais chimiques complètent les fumures, mais ne sauraient les remplacer, parce que la terre ne peut se passer d'humus. Il faut donc continuer à produire des fumiers en abondance pour élever la fertilité du sol et se servir des engrais chimiques pour compléter la composition des fumiers et au besoin pour en combler le déficit.

Nous classerons les engrais chimiques en cinq groupes.

1° Engrais azotés; 2° phosphatés; 3° potassiques; 4° calcaires; 5° engrais complets (formés par un mélange de tous les autres).

ENGRAIS AZOTÉS

114. — Les plus employés sont le nitrate de soude et le sulfate d'ammoniaque.

115. **Nitrate de soude.** — Le nitrate de soude est un sel blanc qui se trouve en bancs épais, presque à la surface du sol, au Pérou et au Chili. On le vend sous le nom de salpêtre du Pérou ou du Chili. Il renferme de 15 à 16 % d'azote.

Le nitrate de soude s'est formé dans ces contrées par suite du phénomène de la nitrification. En vertu de ce phénomène, l'ammoniaque provenant de la putréfaction des matières organiques se décompose à une température convenable, en présence de l'oxygène et de l'humidité, sous l'action d'un ferment spécial appelé *ferment nitrique*. L'ammoniaque perd son hydrogène et se combine à l'oxygène pour donner de l'acide azotique, lequel se combine à une base : chaux, soude, potasse. La nitrification a lieu surtout à l'obscurité. Elle est très intense dans les pays chauds, Inde, Égypte, etc. Dans certains pays, la nitrification est tellement intense, qu'on aperçoit le matin des efflorescences blanches de nitrate de soude à la surface du sol. Qu'une pluie survienne, tout le nitrate sera dissous par l'eau et absorbé par la terre. Aussi a-t-on constaté une relation constante entre la fertilité d'un sol et la nitrification.

Une autre cause de la production d'acide azotique dans les pays chauds provient de la combinaison directe de l'azote et de l'oxygène de l'air sous l'action de l'électricité. Les orages, en effet, sont très fréquents dans ces pays et on remarque surtout la formation de nitrates après les pluies d'orage.

Le nitrate de soude est un engrais énergique. A cause de sa solubilité, il est facilement absorbé par les plantes. Aussi son action dure-t-elle à peine un an. On le répand au printemps à la dose de 100 à 200 kilos par hectare. Mais il est important de remarquer que, tandis que l'ammoniaque est fixée par la terre qui l'absorbe, le nitrate de soude est entraîné par l'eau de pluie dans le sous-sol. Aussi est-il nécessaire d'employer cet engrais en couverture, quand les plantes ont un certain degré d'activité, pour éviter la perte de sel. Le nitrate de soude convient bien aux céréales en souffrance à la sortie de l'hiver, ainsi qu'aux betteraves fourragères.

116. Nitrate de potasse. — Le prix de ce sel est trop élevé pour servir pratiquement d'engrais. Son utilité cependant est double, puisqu'il fournit à la plante l'azote et la potasse.

Les nitrates de soude et de potasse se reconnaissent à la propriété qu'ils ont de fuser sur un charbon ardent.

117. Sulfate d'ammoniaque. — Le sulfate d'ammoniaque est un résidu de la fabrication du gaz ; on l'obtient encore en traitant les eaux-vannes par la chaux et en recevant l'ammoniaque qui se dégage dans l'acide sulfurique. Quand ce sel est impur, il est noirâtre et contient alors des cyanures de fer et de potassium, nuisibles à la végétation. Pur, il a la forme de cristaux blancs.

Le sulfate d'ammoniaque est le plus riche des engrais azotés : il contient 21 % d'azote. Il est moins soluble que le nitrate de soude ; aussi peut-on l'employer en automne pour le laisser s'incorporer au sol pendant l'hiver. Il convient aux céréales, mais il les fait quelquefois verser. Aussi doit-on l'associer au phosphate de chaux. La dose à employer varie de 50 à 150 kilogrammes à l'hectare.

Par suite de la facilité de fabrication du sulfate d'ammoniaque, le prix de ce sel diminue constamment, tandis que le prix du nitrate de soude s'élève.

. Pour reconnaître le sulfate d'ammoniaque, il suffit de dissoudre un peu de ce sel dans l'eau et d'ajouter à cette eau de l'eau de chaux. L'ammoniaque qui se dégage se reconnaît à son odeur piquante ; il se forme un précipité de sulfate de chaux.

118. Azote de l'air. — Les savants ne sont pas d'accord sur la question de savoir si l'azote de l'atmosphère est directement assimilable par les plantes. Le fait paraît certain pour les légumineuses.

ENGRAIS PHOSPHATÉS

119. Les engrais phosphatés sont les plus importants après les engrais azotés.

120. **Variétés de phosphates. Phosphate naturel.** — Les phosphates naturels se trouvent dans le sol, sous la forme de roches dures, de sable ou de craie phosphatés ou sous la forme de fossiles. Les phosphates naturels renferment de 16 à 25 % d'acide phosphorique. A teneur égale en acide phosphorique, ils paraissent d'autant meilleurs qu'ils sont plus divisés. On trouve ces phosphates naturels dans les Ardennes, la Meuse, le Lot et nombre d'autres départements français.

121. **Superphosphate de chaux.** — Lorsqu'on attaque par l'acide sulfurique les phosphates naturels ou les os qui contiennent du phosphate, l'on obtient un phosphate acide de chaux soluble dans l'eau ou un *superphosphate de chaux* dont le prix est deux fois plus élevé que celui du phosphate naturel, à cause de la manipulation à l'acide sulfurique.

122. **Phosphate précipité.** — Enfin, si l'on traite ce superphosphate par l'eau de chaux, on obtient

ce que l'on appelle un *phosphate précipité*, insoluble dans l'eau, mais soluble dans les acides peu énergiques : acides carbonique, citrique, ainsi que dans le citrate d'ammoniaque. Son prix est d'environ une fois et demie celui du phosphate naturel.

123. Valeurs comparées des engrais phosphatés. — Quelle est la valeur agricole de ces trois sortes de phosphates? Autrement dit, le cultivateur doit-il préférer les superphosphates aux phosphates précipités et aux phosphates naturels? Devra-t-il consentir à payer le kilogramme d'acide phosphorique 0 fr. 60 à 0 fr. 70 dans les superphosphates, tandis qu'il ne le paierait que 0 fr. 25 à 0 fr. 30 dans les phosphates naturels? La réponse à cette question a été donnée par M. Grandeau. Huit années d'expériences à la station agronomique de Tomblaine l'ont conduit à conclure que les phosphates insolubles en poudre donnent des résultats sensiblement égaux à ceux produits par les superphosphates. D'après ces expériences, le phosphate naturel aurait une valeur fertilisante à peine inférieure de 4 % à celle du phosphate précipité.

Comment expliquer ce fait, qui paraît surprenant?

Il est certain qu'un sel soluble est plus assimilable qu'un sel insoluble, et d'autre part un sel soluble facilite la dissémination de la matière nutritive qui se trouve ainsi en contact avec les racines. C'est en partant de cette idée qu'on avait précisément cherché à rendre soluble les phosphates naturels. Mais cette transformation est inutile par suite de ce fait : que les phosphates solubles mélangés à la terre se combinent promptement aux oxydes de fer et d'alumine et à la chaux pour donner de nouveaux phosphates insolubles. C'est le phénomène de la *rétrogradation*.

Si nous ajoutons que les acides de la racine peuvent dissoudre les phosphates insolubles à travers l'enveloppe des radicelles, nous comprendrons qu'il devient inutile de se servir des superphosphates comme engrais.

124. Scories des déphosphorations. — L'engrais phosphaté, qui paraît le plus avantageux au point de vue de la valeur commerciale comme au point de vue de ses effets sur les récoltes, est celui qui provient des *scories de déphosphoration* obtenues par les procédés des ingénieurs anglais Thomas et Gilchrist.

Le phosphore combiné au fer a l'inconvénient de rendre celui-ci cassant et impropre aux usages métallurgiques. Or, jusqu'en ces dernières années, on n'avait pas réussi à enlever le phosphore contenu dans les minerais de fer phosphatés. MM. Thomas et Gilchrist ont montré qu'en ajoutant à la fonte liquide une certaine quantité de calcaire, de magnésie ou de fer manganésifère, on pouvait faire passer le phosphore de la fonte liquide dans la scorie.

Leur procédé permettait ainsi : 1° d'obtenir de l'acier avec des fontes phosphoreuses, ce qui n'avait pu être réalisé industriellement avant eux ; 2° d'utiliser les scories phosphorées comme engrais. Ces scories contiennent de 6 à 17% d'acide phosphorique. Or, le prix du kilog. d'acide phosphorique vendu dans ces scories est de 0 fr. 15 à 0 fr. 20 au lieu de production, tandis que le superphosphate coûte 0 fr. 65. Mais ces scories sont-elles réellement utiles à la végétation ? M. Grandeau n'hésite pas à l'affirmer ; voici quelques-uns des résultats obtenus (à l'hectare).

		Sans phosphates	Phosphates précipités	Scories	Super-phosphates
Sols tourbeux {	Grain (avoine)	1.403^k	1.455^k	2.125^k	
	Paille........	3.933^k	4.335^k	4.995^k	
Sols sablonneux (betterave)..				28.600 à 15^{k}19 % de sucre.	28.400 à 14.79 % de sucre.

« L'emploi des scories de déphosphoration est indiqué dans les sols argileux et siliceux. En effet, en donnant à la terre, par l'application d'une tonne de scories à l'hectare, 150 à 170 kilos d'acide phosphorique, on lui apporte en même temps 400 kilos environ de chaux dont un tiers environ à l'état de chaux libre, agissant comme le chaulage. » (GRANDEAU.)

125. Poudre d'os, noir d'os, cendre d'os, os dégélatinisés. — On sait que les os contiennent une grande quantité de phosphate de chaux, et qu'on extrait industriellement le phosphore des os. On peut donc calciner les os ou les réduire en poudre et s'en servir ensuite comme engrais.

Les os dégélatinisés sont des os qui ont perdu leur matière organique par la cuisson.

CHAPITRE XIII

Engrais *(fin)*.

ENGRAIS POTASSIQUES

Les engrais potassiques sont le *nitrate de potasse,* ou salpêtre, la potasse brute (mélange de carbonate de potasse et de divers sels de potasse et de soude), le chlorure de potassium, les sables feldspathiques, le sel de Stassfurt.

Nous avons dit que le nitrate de potasse ne pouvait être utilisé comme engrais, à cause de son prix trop élevé.

126. Cendres de bois lessivées. — Les cendres de bois lessivées contiennent du carbonate de potasse, du carbonate de soude, du phosphate et du carbonate de chaux, ainsi qu'une assez grande quantité de silice. Elles conviennent à peu près à tous les sols.

On peut les employer sur les terres à la dose de 40 à 60 hectolitres à l'hectare.

127. Suie. — Les suies de houille et de bois peuvent être employées comme engrais. Elles dosent environ de 1,10 à 1,50 d'azote et autant de phosphate de chaux, et 4,1 de potasse (acétate de potasse).

On doit les employer surtout dans les prairies humides couvertes de joncs et de mousses. Elles font disparaître en partie ces végétaux de mauvaise nature.

La dose à employer à l'hectare est de 10 à 20 hectolitres.

128. Chlorure de potassium. — Le chlorure

de potassium s'extrait des vinasses de betteraves ou des eaux mères des marais salants, et des cendres de varechs ou des végétaux forestiers. Il contient environ 50 % de potasse. Il est employé surtout dans la culture des betteraves.

Les potasses brutes, riches en carbonate de potasse et en chlorure de potassium, s'extraient également des vinasses de betteraves.

En voici la composition :

Sulfate de potasse	4
Carbonate de sodium	18
Matières insolubles	26
Chlorure de potassium	20
Carbonate de potasse	32
TOTAL.	100

129. Sel de Stassfurt. — Le sel de Stassfurt est un sulfate double de potasse et de magnésie, mélangé de chlorure de potassium et de chlorure de magnésium. La production de la mine de Stassfurt est considérable. Le gisement a une épaisseur de 80 à 100 mètres sur une largeur de 300 à 400 mètres et une longueur qui n'a pas encore été déterminée. Le sel de Stassfurt coûte à Paris 32 fr. 50 les 100 kilos. Il convient surtout aux cultures de betteraves sucrières.

On peut dire que la découverte du procédé Balard pour l'extraction de la potasse des *eaux mères* des marais salants et la découverte du gisement de Stassfurt ont sauvé l'industrie de la betterave et du sucre d'une ruine complète. La culture de la betterave exige en effet de grandes quantités de potasse, laquelle a pu être fournie à très bon marché depuis ces découvertes.

Ce qu'il faut éviter dans un engrais potassique, c'est la présence du *chlorure de magnésium*, qui est nuisible à la végétation. On s'en débarrasse en calcinant le sel : l'acide chlorhydrique se dégage et la magnésie reste.

L'emploi des sels de potasse convient surtout dans les sols acides et tourbeux.

ENGRAIS CALCAIRES

130. Les engrais calcaires sont principalement : la chaux, la marne, le plâtre. — L'action de ces substances sur le sol ou sur les plantes a été étudiée à propos des amendements calcaires, et pour ne pas nous répéter, nous n'y reviendrons pas ici.

131. **Valeur commerciale des engrais chimiques.** — La raison qui empêche peut-être les cultivateurs d'employer plus fréquemment les engrais chimiques, c'est qu'ils craignent d'être trompés dans leurs achats. Le fait est que les négociants peu consciencieux falsifient parfois leurs marchandises ou les vendent trop cher.

On ne saurait donc trop recommander aux jeunes gens qui se destinent à l'agriculture de posséder des connaissances sérieuses en chimie. Ces connaissances leur permettront d'évaluer approximativement la valeur des engrais qu'ils achètent, connaissant le prix du kilogramme de chaque principe fertilisant.

PRIX APPROXIMATIF DU KILO DU PRINCIPE FERTILISANT DANS :

Sulfate d'ammoniaque....	1 fr. 60	environ le kilo
Nitrate de soude........	1 fr. 96	—
Superphosphate minéral ..	0 fr. 61	—
Phosphates naturels.....	0 fr. 32 à 0 fr. 35	—
Phosphate précipité	1 fr. 39	—
Chlorure de potassium....	0 fr. 45	—

Ces prix varient quelque peu d'une année à l'autre.

EXEMPLE. — Quel est le prix de 100 kilos d'un tourteau maïs à 6 % d'azote, 3 % d'acide phosphorique, 1 % de potasse ?

Ce prix est :

1 fr. 60 × 6 + 0 fr. 50 × 3 + 0 fr. 45 × 1 = 9 fr. 60 + 1 fr. 50 + 0 fr. 45 = 11 fr. 55.

Le tourteau ne doit pas être payé plus de 11 fr. le quintal.

132. Le cultivateur aura soin de faire analyser ses engrais dans les laboratoires des stations agronomiques dont chaque département est pourvu.

Enfin, ce qui vaudra mieux encore, il fera bien de s'affilier aux *syndicats agricoles,* qui existent à peu près partout en France. Grâce à cette association, il pourra se procurer des engrais chimiques absolument purs et à prix très réduits.

Nous croyons utile de rappeler ici les principales dispositions de la loi du 4 février 1888, concernant la répression des fraudes dans le commerce des engrais.

L'article 1er de cette loi punit d'un emprisonnement de six jours à un mois et d'une amende de 50 à 2000 francs ceux qui, en mettant en vente des engrais ou amendements, *auront trompé ou tenté de tromper l'acheteur,* soit sur leur nature, leur composition ou le dosage des éléments utiles qu'ils contiennent, soit sur leur provenance, soit par l'emploi, pour les désigner ou les qualifier, d'un nom qui, d'après l'usage, est donné à d'autres substances fertilisantes.

L'article 3 punit d'une amende de 11 à 15 francs inclusivement, ceux qui, au moment de la livraison, n'auront pas fait connaître à l'acheteur, dans les conditions indiquées à l'article 4, la provenance naturelle ou industrielle de l'engrais ou de l'amendement vendu et sa teneur en principes fertilisants.

Enfin, l'article 4 dit que les indications dont il est parlé à l'article 3 seront fournies soit dans le contrat même, soit dans le double de la commission délivré à l'acheteur au moment de la vente, soit dans la facture remise au moment de la livraison. — La teneur en principes fertilisants sera exprimée par les poids d'azote, d'acide phosphorique et de potasse contenus dans 100 kilos de marchandise facturée telle qu'elle est livrée avec l'indication de la nature ou de l'état de combinaison de ces corps. —

Toutefois, lorsque la vente aura été faite avec stipulation du règlement du prix d'après l'analyse à faire sur échantillon prélevé au moment de la livraison, l'indication préalable de la teneur exacte ne sera pas obligatoire; mais mention devra être faite du prix du kilogramme de l'azote, de l'acide phosphorique et de la potasse contenus dans l'engrais, tel qu'il est livré, et de l'état de combinaison dans lequel se trouvent ces principes fertilisants. Les livres de commerce du vendeur doivent tenir la justification de l'accomplissement des prescriptions qui précèdent. Cette justification peut encore être fournie par un accusé de réception de l'acheteur.

On voit donc que la loi a cherché à entourer le cultivateur qui achète des engrais de toutes les garanties possibles; ces garanties, le cultivateur ne doit pas craindre de les exiger.

133. Engrais complets. — Certains industriels vendent aussi des engrais complets pour betteraves, céréales, etc., engrais qui sont parfois sans valeur agricole. Le cultivateur soucieux de son intérêt doit connaître *quel est le mélange qui convient le mieux à telle ou telle plante, étant donnée la nature du sol. Il doit acheter séparément l'azote, l'acide phosphorique et la potasse* et composer lui-même ses mélanges, pour éviter la fraude. Il lui suffira de savoir que chaque espèce d'engrais doit être très divisée, et le mélange très homogène.

Tous les engrais complets commerciaux se vendent plus cher que leur prix réel.

Un engrais est assez bien équilibré, quand il contient des quantités égales de chacun des quatre éléments.

CHAPITRE XIV

Culture du sol. — Labours.

134. Culture du sol. — Cultiver le sol, c'est le mettre en état de produire. Pour cela, on lui fait subir diverses opérations, qui ont pour but de l'aérer, de l'ameublir, c'est-à-dire de rendre la terre plus légère, de détruire les mauvaises herbes, d'enfouir les engrais et les semences.

Les travaux qu'exécute le cultivateur pour ameublir sa terre ont une telle importance que le nom de *laboureur* est parfois employé pour désigner le *cultivateur*, comme si le travail de la charrue était vraiment le labeur par excellence.

135. L'importance que présentent la division et l'ameublissement du sol peut être démontrée par l'expérience suivante : Prenons un échantillon de sable que nous allons séparer en trois parties, à l'aide de tamis à mailles de plus en plus serrées. Nous obtiendrons ainsi des échantillons de sable fin, demi-fin et grossier, que nous mélangerons avec du sulfate de cuivre blanc. (Le sulfate de cuivre desséché à 200° devient blanc).

Nous placerons ce sable dans des tubes, dont l'extrémité est fermée par une toile grossière et nous plongerons cette extrémité dans une mince couche d'eau.

Lorsque la toile se sera imbibée, on verra l'eau s'élever rapidement dans le tube à sable fin et celui-ci se colorera en bleu, dans presque toute son étendue. Dans le tube renfermant le sable demi-fin, l'eau n'arrivera qu'à la moitié de sa hauteur et elle n'atteindra que quelques centimètres dans le tube de sable grossier.

Cette expérience montre l'importance d'une bonne pulvérisation du sol : car les eaux souterraines sont en rapport direct et constant avec les couches superficielles. Un sol bien ameubli laisse monter l'eau des couches profondes jusqu'à la surface du sol, où elle est nécessaire à la vie des plantes.

136. Façons aratoires. — On appelle *façons aratoires* les opérations par lesquelles on rend le sol plus productif. Elles comprennent les labours, hersages, roulages, binages et sarclages.

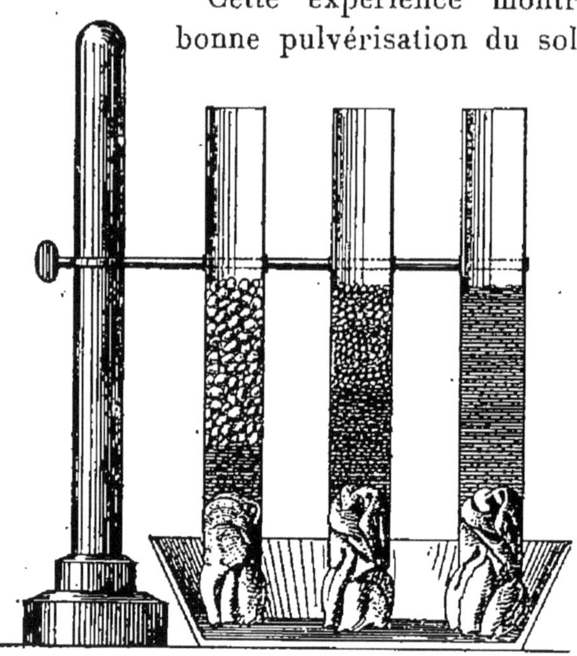

Fig. 13.

137. Labours. — Labourer un sol, c'est retourner la terre à peu près sens dessus dessous. Les labours s'exécutent soit à l'aide d'instruments à main (bêches, pioches), soit, et surtout, à l'aide d'instruments attelés (charrues).

Il y a plusieurs sortes de labours : 1° *labours de défoncement;* 2° *labours profonds;* 3° *labours ordinaires;* 4° *labours légers.*

Le labour est dit de *défoncement,* quand il atteint des couches qui jusque-là avaient été laissées en place. Ce genre de labour ne s'applique au même terrain qu'à des intervalles plus ou moins longs, mais toujours de plusieurs années. Le labour de défoncement a pour conséquence le développement des racines des plantes et par cela même celui des parties aériennes ; il y a donc accroissement de récolte dans la généralité des cas.

Les labours sont *profonds,* quand ils dépassent 0^m20 de profondeur. Ils provoquent une augmentation de produits assez considérable. Les végétaux souffrent moins de l'humidité et de la sécheresse dans un sol profondément labouré que sur une terre ameublie superficiellement.

Les labours sont dits *ordinaires*, quand ils atteignent de 0^m10 à 0^m20 de profondeur. Ce sont ceux qu'on exécute le plus souvent dans la pratique agricole.

Les labours légers ne dépassent pas 0^m10 de profondeur.

Considérés au point de vue de leur forme superficielle, les labours sont dits : en *billons,* en *planches,* à *plat.*

138. — Labours en billons. — Les *billons* sont des surfaces généralement étroites, plus ou moins bombées et limitées de chaque côté par un sillon profond ou *dérayure.* Ils se composent de deux, quatre, six ou huit bandes de terre, laissant dans leur milieu un intervalle non labouré.

Le labour en billons augmente l'épaisseur du sol sur une partie de la surface et l'eau s'y écoule facilement ; en outre, les petites cultures, les sarclages et les binages y sont plus faciles à exécuter, mais il rend le sol très inégalement fertile par suite de l'accumulation de la meilleure terre sur les parties les plus bombées. On perd du terrain et le rendement des récoltes en est diminué. Le fumier et les différents engrais y sont presque toujours inégalement répartis. Enfin, l'emploi des instruments perfectionnés y est très difficile.

On ne doit employer les billons que lorsque la couche arable a peu de profondeur, parce qu'alors il est utile d'entasser la bonne terre sur un même point.

139. Labours en planches. — Une planche de labour est une surface plane limitée de chaque côté par une *dérayure*, c'est-à-dire par le sillon plus ou moins profond laissé entre deux bandes de terre dont l'une est renversée à droite et l'autre à gauche.

On fait un labour en planches quand on réunit plus de huit traits de charrue. On peut, avec ce genre de labour, égoutter parfaitement un terrain, en faisant des planches bombées.

Les labours en planches sont généralement adoptés pour les terrains craignant peu l'humidité.

140. Labours à plat. — Les labours à plat sont les plus parfaits, mais ils ne sont praticables que dans les terrains secs ou tout au moins bien assainis. Dans le labour à plat, toutes les bandes de terre sont renversées du même côté et le champ ne présente aucune trace de billons ou de planches.

141. Règles générales pour les labours. — La meilleure inclinaison des bandes de terre pour un labour est celle de 45°, car il y a une plus grande surface de terre exposée à l'air et l'action de la herse se fait mieux sentir.

Dans un bon labour, la bande de terre doit être détachée parallèlement à la surface du sol, et verticalement, de manière à former un angle droit avec le côté non labouré.

La bande de terre doit être déposée sur le côté, de manière à présenter à la herse des points faciles à déchirer, et aussi afin que, reposant sur une arête, elle puisse se briser en s'affaissant pour remplir les espaces restés vides (fig. 14). Si la bande

Fig. 14.

enlevée était complètement retournée, elle ne pourrait être déchirée par la herse que fort difficilement.

Le plus souvent, on laboure dans le sens de la pente ; mais, si cette pente est trop forte, on laboure perpendiculairement, c'est-à-dire suivant des lignes de niveau. Dans un terrain fortement en pente, la terre serait entraînée en grande partie vers le bas, si on labourait dans le sens de la pente ; en outre, le travail serait plus difficile.

On ne doit pas labourer un terrain trop humide ou trop sec, car on rendrait la culture ultérieure plus difficile.

On désigne sous le nom d'*enrayure* la première raie ouverte par la charrue. Elle doit être aussi régulière que possible, en direction, en largeur et en profondeur.

On appelle *dérayure* le sillon ou la raie qui sépare deux planches étroites ou larges, planes ou convexes. Elle doit être droite, bien évidée et régulière. Il faut la faire peu profonde.

On compte qu'on peut labourer en moyenne, en dix heures de travail, avec des bœufs trente ares, et avec des chevaux quarante à cinquante ares. Cette quantité varie d'ailleurs avec la nature du sol, la profondeur des labours et la force des animaux employés.

CHAPITRE XV

Instruments aratoires.

142. Charrues (fig. 15, 16, 17). — La charrue est
l'instrument avec lequel on effectue les labours. Elle se
compose de plusieurs parties que nous allons étudier
successivement. Le type de la charrue décrite est celui
de Dombasle (fig. 15).

Les pièces dont se compose une charrue sont : [1] l'*âge*,
[2] le *versoir*, [3] le *coutre*, [4] le *soc*, [5] les *étançons*,
[6] le *sep*, [7] les *mancherons* et [8] le *régulateur*.

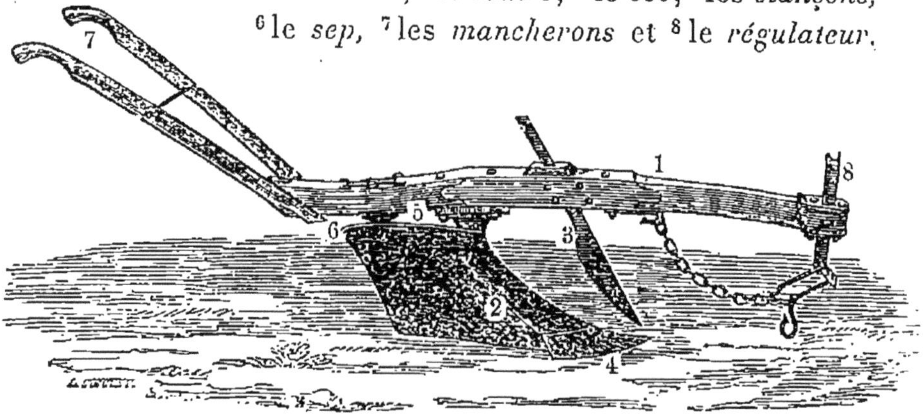

Fig. 15.

143. Age ([1]). — L'*âge* ou *perche, flèche*, est constitué par une pièce horizontale sur laquelle sont fixées la
plupart des autres parties de la charrue. Il sert à trans-
mettre le tirage des animaux au corps de la charrue.

144. Versoir ([2]). — Le versoir est une pièce placée
latéralement au soc ; sa surface est contournée et elle a

pour fonction de rejeter sur le côté du sillon la bande de terre qui a été détachée.

Les versoirs se font le plus souvent en fonte. Un versoir en acier donne moins de tirage, car il est plus glissant.

145. Coutre (³). — Le coutre est une lame en fer fixée dans un plan vertical au-dessous de l'âge, et destinée à couper verticalement la bande de terre, que la charrue attaque en labourant.

Dans les bonnes charrues le coutre est incliné en avant, faisant avec la verticale un angle de 20° environ. Par cette disposition, le coutre pénètre facilement dans la terre et tend à soulever les obstacles qu'il rencontre.

L'action du coutre n'est pas indispensable et on peut s'en passer dans les sols meubles et légers.

146. Soc (⁴). — Le soc est un couteau comme le coutre, mais à lame beaucoup plus large. Il est placé au-dessous de l'âge dans un plan horizontal.

Le soc sert à trancher horizontalement la partie inférieure de la bande de terre sur laquelle la charrue opère. Il se fait en fonte, en fer ou en acier.

147. Étançons (⁵). — Les étançons servent d'intermédiaires entre l'âge et le sep; ils servent aussi d'appui au versoir. L'étançon placé en avant porte le nom d'étançon antérieur; celui placé en arrière se nomme étançon postérieur.

148. Sep (⁶). — Le sep est une pièce fixée horizontalement derrière le soc et qui glisse sur la terre au fond de la raie formée par la charrue. Il réunit les étançons à leur partie inférieure.

Le sep se fait en fonte ou en fer et il a une double courbure; celle de dessous est double de celle de côté.

149. Mancherons (⁷). — Les mancherons sont deux leviers inclinés, placés à l'arrière de la charrue; ils servent au laboureur pour guider le mouvement de l'instrument. Les mancherons se font en fer ou en bois.

150. Régulateur (*). Le régulateur est une pièce
fixée à la partie antérieure de l'âge et qui sert à régler la
ligne de tirage de la charrue. Il existe un grand nombre
de modèles de régulateurs; un des plus employés est le
régulateur Dombasle. Ce régulateur se compose d'une
sorte d'équerre en fer, dont la branche verticale passe
dans une mortaise pratiquée à l'extrémité de l'âge. Sur
cette branche sont percés des trous superposés. La
branche inférieure de cette équerre est horizontale et
garnie d'encoches, qui doivent recevoir l'un des maillons
de la chaîne de tirage, dont l'extrémité est reliée à un
crochet en arrière sur l'âge.

On règle la profondeur du labour en montant plus ou
moins la branche verticale dans la mortaise et la largeur
en déplaçant le maillon de la chaîne de tirage de l'encoche où il reposait. Dans quelques charrues, la branche
horizontale du régulateur n'existe pas; elle est remplacée
par un arc de cercle muni de trous ou d'encoches.

151. La charrue Dombasle était autrefois très employée
et c'était à coup sûr une des plus répandues. Aujourd'hui
on tend à la remplacer par la charrue Brabant, dont l'in-
vention est plus récente.

Cet instrument (fig. 17) se compose de deux corps de
charrue superposés. Pendant que l'un travaille, l'autre est
au repos. Avec ce système, on est dispensé de faire le
tour du terrain labouré, car on peut revenir immédiatement en raie. C'est ce qui en rend l'usage très avantageux, car il n'y a que fort peu de temps perdu.

On se sert de la charrue Brabant, pour faire les labours
à plat. Ce genre de charrue est complètement métallique.

Le maniement de cet instrument peut être fait par
un homme seul et sans grande fatigue, car la charrue, une
fois réglée et mise en marche, se maintient très bien en
terre. Avec une charrue Brabant le seul travail du laboureur consiste à faire tourner les animaux au bout de

chaque raie ; il doit en même temps exécuter le renversement complet des deux corps de charrue, de manière à pouvoir se remettre en raie immédiatement.

Après avoir jeté un coup d'œil rapide sur les charrues Dombasle et Brabant, nous croyons utile de compléter notre étude par une classification de toutes les charrues employées.

CLASSIFICATION DES CHARRUES.

152. Les nombreux modèles de charrues dont on se sert peuvent être classés en trois catégories : 1° les charrues simples ; 2° les charrues à support ; 3° les charrues à avant-train.

Charrue simple. — La charrue simple se compose des pièces décrites précédemment. (Charrue Dombasle.)

Charrue à support. — La charrue à support est une charrue ordinaire à laquelle on a donné un point d'appui

Fig. 16.

sur le devant. Ce point d'appui consiste en un patin ou en une roulette qui glisse sur le sol (fig. 16).

Charrue à avant-train. — La charrue à avant-train se compose d'un corps de charrue reposant sur deux roues par l'intermédiaire d'un essieu (fig. 17).

Ce genre de charrue ne peut fonctionner sans son avant-train, et c'est justement ce qui le distingue de la charrue à support, qui peut parfaitement être mise en marche lorsque le patin ou la roulette est supprimée. La charruc Brabant est une charrue à avant-train.

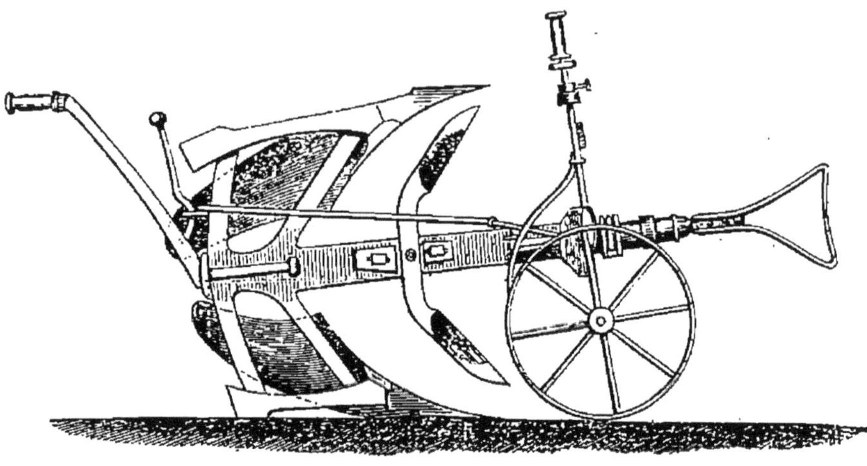

Fig. 17.

153. **Maniement de la charrue Dombasle.**

— Le laboureur doit se tenir debout et sans trop se courber pour appuyer continuellement sur les mancherons. Si la charrue rencontre un obstacle qui la fasse sortir de terre, on la penche à droite pour l'y faire entrer; si elle va trop profondément, on la penche à gauche. Pour la faire sortir de terre, on appuie sur les mancherons, et, pour la faire entrer, on lève les mancherons. Il faut toujours éviter les arrêts pendant le traçage d'un sillon, à cause de la perte de temps qu'il occasionne et de l'irrégularité du labour, qui en est souvent la conséquence.

En allongeant les traits des animaux, on augmente la profondeur; en les raccourcissant, on la diminue.

En élevant le régulateur, on augmente la profondeur; en le baissant, on la diminue.

En portant le régulateur du côté qui vient d'être labouré, on augmente la largeur du labour; on la diminue en le plaçant du côté non labouré.

CHAPITRE XVI

Instruments aratoires *(suite)*.

154. Herses. — Le hersage est exécuté soit pour ameublir le sol, soit pour détruire les mauvaises herbes, soit pour recouvrir les semences. Cette opération se pratique à l'aide d'instruments spéciaux, appelés *herses*. Les herses dont on se sert varient beaucoup de forme : elles peuvent être triangulaires, carrées, parallélo-grammiques, en zigzags. Ces instruments se font en fer ou en bois ou mi-partie en bois, mi-partie en fer.

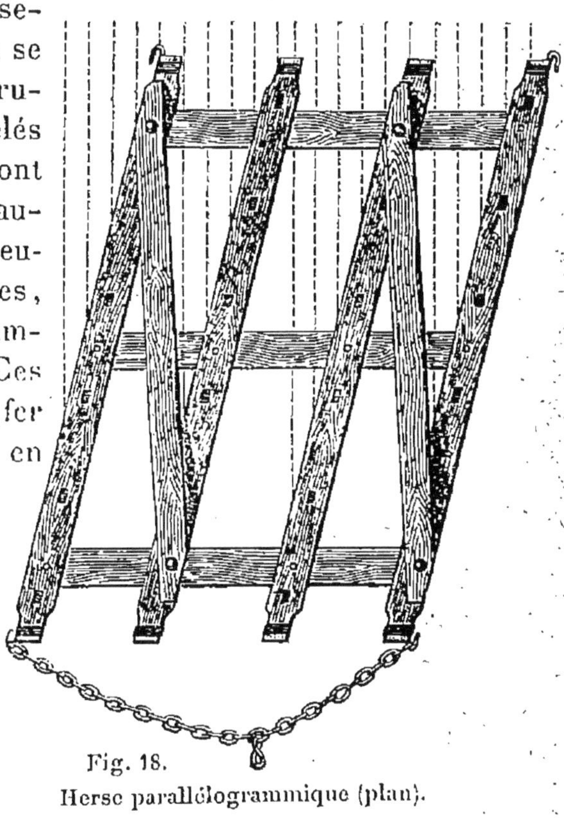

Les herses en fer sont de beaucoup préférables aux herses en bois.

Dans une bonne herse, chaque dent doit tracer sa raie et les raies doivent être

Fig. 18.

Herse parallélogrammique (plan).

équidistantes. Les dents doivent être assez écartées pour que la terre ne s'amoncelle pas dans leurs intervalles.

155. **Herse parallélogrammique.** — La herse parallélogrammique (fig. 18), aussi appelée herse de Valcourt, est bonne pour toutes les terres. La chaîne d'attelage va du sommet de l'angle aigu A au sommet de l'angle

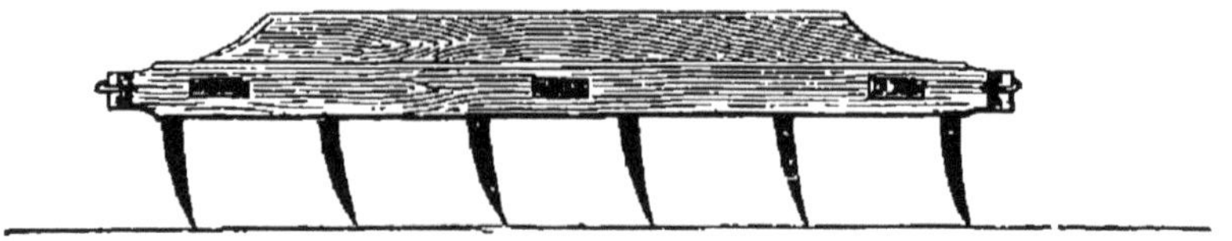

Fig. 19. — Herse parallélogrammique (coupe).

obtus B, et le crochet d'attelage se place aux deux tiers de la chaîne, du côté de l'angle obtus. De cette façon, chaque dent trace sa raie et tous les sillons sont équidistants. La profondeur du hersage s'obtient en chargeant la herse ou en allongeant les traits des animaux.

156. **Herse en zigzags.** — Une herse aujourd'hui

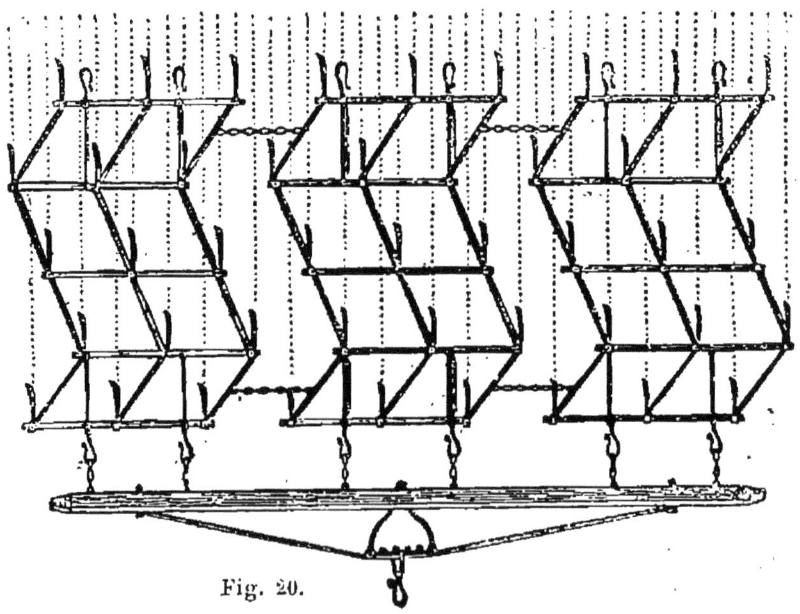

Fig. 20.

très répandue et dont l'usage se généralise est la herse en zigzags (fig. 20)

Cette herse est construite toute en fer; elle est très solide et donne un excellent travail. La quantité de terre hersée par une seule herse est d'environ deux hectares par jour.

On peut herser une terre légère presque en tout temps; il n'en est pas de même d'une terre argileuse.

Il faut que le sol ne soit ni trop sec ni trop humide, car dans le premier cas l'action serait nulle et, dans le second cas on tasserait la terre.

157. Rouleaux. — Le roulage est une opération qui consiste à faire circuler un rouleau sur le sol pour briser les mottes que la herse a épargnées, tasser les terres soulevées par les gelées et recouvrir les graines fines, afin d'en faciliter la germination.

Les rouleaux ont généralement la forme d'un cylindre. On fait des rouleaux en bois, en fonte et en pierre. Les rouleaux en fonte sont les meilleurs.

Les rouleaux ont d'autant plus d'action que la longueur en est moindre et que le diamètre en est plus grand. Leur longueur varie de 1ᵐ80 à 2 mètres; leur diamètre, de 0ᵐ50 à 1 mètre.

On divise les rouleaux en deux catégories : les *rouleaux plombeurs* et les *rouleaux brise-mottes*.

Les rouleaux plombeurs (fig. 21) sont des cylindres unis, supportés par un cadre dans lequel ils sont mobiles.

Les rouleaux brise-mottes sont des rouleaux à surface cannelée, destinés à écraser

Fig. 21.

les mottes qui restent à la surface du sol après le labour ou après le passage de la herse. Le type le plus répandu

des rouleaux brise-mottes est le rouleau Crosskill (fig. 22)
C'est un rouleau formé de disques en fonte mobiles. Il a
une action très énergique sur les terres et on tend de

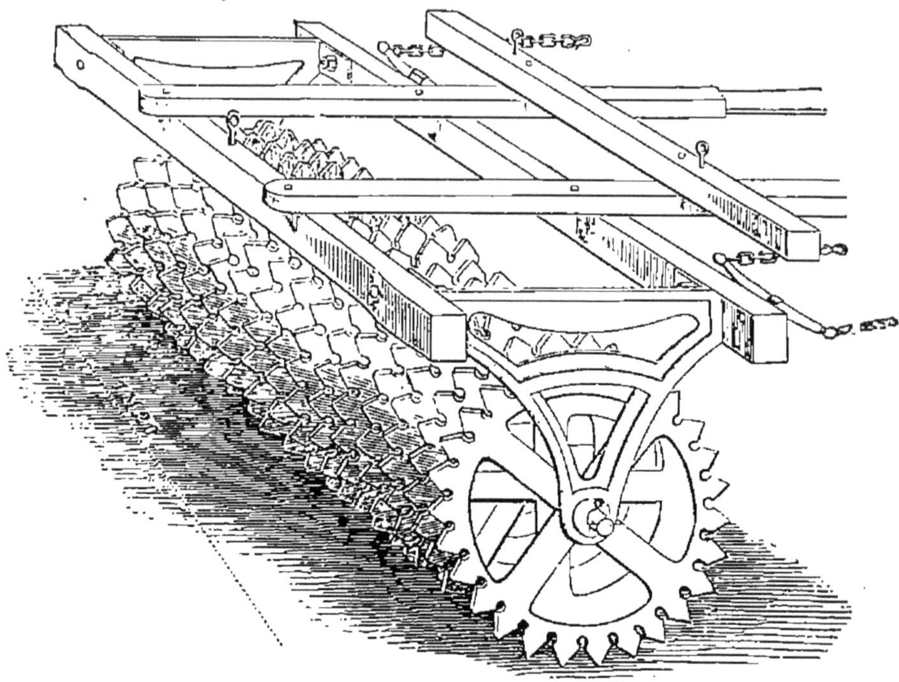

Fig. 22.

plus en plus à le substituer aux rouleaux plombeurs. Ce
rouleau tasse le sol inférieurement, mais il le laisse
meuble à la surface.

Avec un rouleau plombeur et un attelage suffisant, on
peut rouler deux à trois hectares par jour. Il en est de
même d'ailleurs avec le rouleau Crosskill.

Quand la terre est humide et s'attache au rouleau, il
faut cesser le roulage.

158. **Extirpateur.** — L'extirpateur (fig. 24) est un
instrument armé de plusieurs socs triangulaires coupant
entre deux terres les racines des plantes qu'ils rencontrent. En outre ces socs remuent le sol à une certaine pro-

fondeur. On s'en sert pour déchaumer, ameublir le terrain et détruire les mauvaises herbes. La profondeur du labour se modifie au moyen d'un régulateur spécial, qui

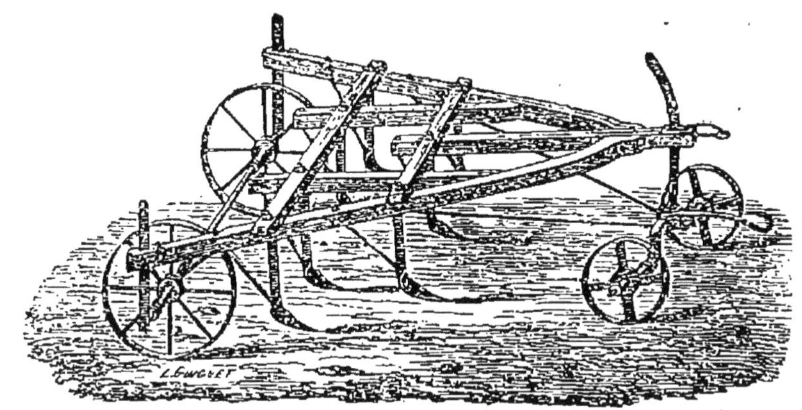

Fig. 23.

varie avec chaque instrument. Les dents doivent être placées de façon que rien ne leur échappe et qu'elles ne s'engorgent pas.

159. **Scarificateur.** — Le scarificateur (fig. 24)

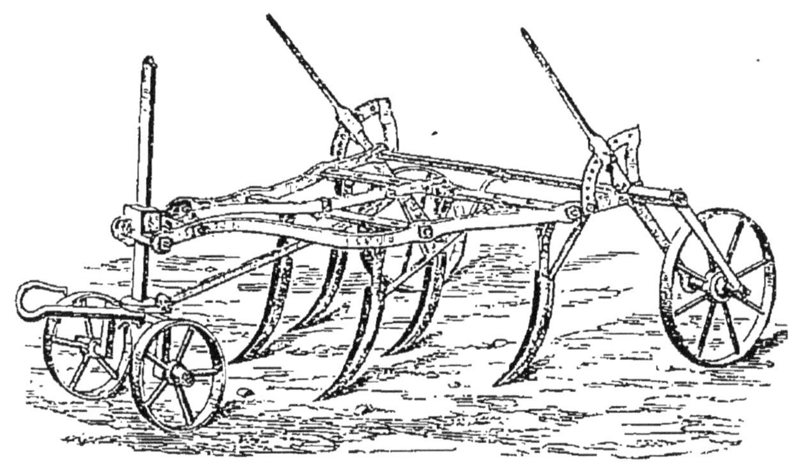

Fig. 24.

diffère de l'*extirpateur* en ce que ses pieds déchirent et divisent le sol verticalement au lieu d'opérer horizon-

6

talement et verticalement. Le système de réglage est variable suivant les constructeurs.

160. Pulvériseur (fig. 25). — Cet instrument se compose d'un certain nombre de disques concaves, montés sur deux arbres que l'on peut à volonté incliner pour rendre les disques plus ou moins pénétrants. Quand les

Fig. 25.

disques sont droits, ils ne pénètrent pas dans le sol; quand ils sont placés de biais, ils coupent la terre et la retournent comme le ferait un versoir de charrue. Cet instrument est un complément de la charrue, qui ne peut être employé que dans les terres exemptes d'herbes traînantes.

161. Buttage. — Le buttage est une opération qui a pour but de porter de la terre nouvelle au pied des plantes, pour les protéger des orages et leur faire développer des racines. L'instrument dont on se sert pour exécuter cette opération est nommé *buttoir*. Le buttoir consiste en deux versoirs qui peuvent s'écarter ou se rapprocher à volonté (fig. 26). Cet instrument sert non seulement au buttage des plantes cultivées, mais aussi au nettoiement des raies qui séparent chaque planche, après les ensemencements.

On l'emploie également dans les terres humides, pour

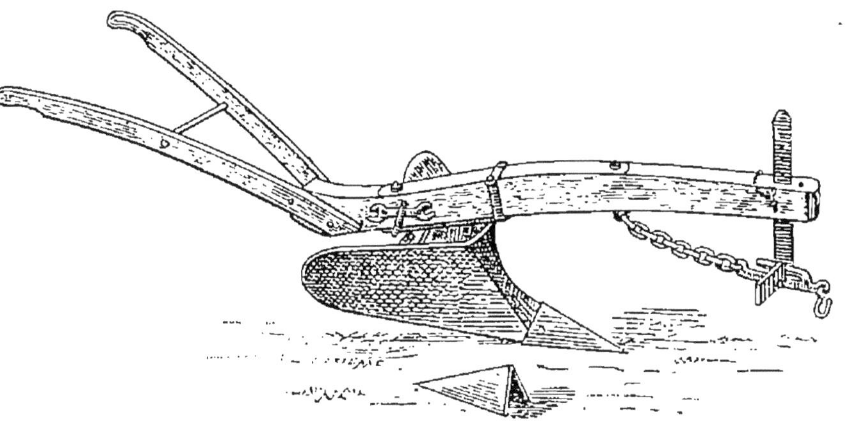

Fig. 26.

ouvrir des rigoles transversales afin de faciliter l'écoulement des eaux.

162. Binage et sarclage. — Le binage et le sarclage ont pour but l'ameublissement du sol et la destruction des mauvaises herbes.

Le binage s'effectue loin de la plante que l'on veut nettoyer, tandis que le sarclage s'effectue au pied même de cette plante.

Il ne faut jamais exécuter ces opérations par un temps humide, car on tasserait le sol et les mauvaises plantes ne seraient pas détruites.

Le binage peut s'effectuer à la main ou avec des ins-

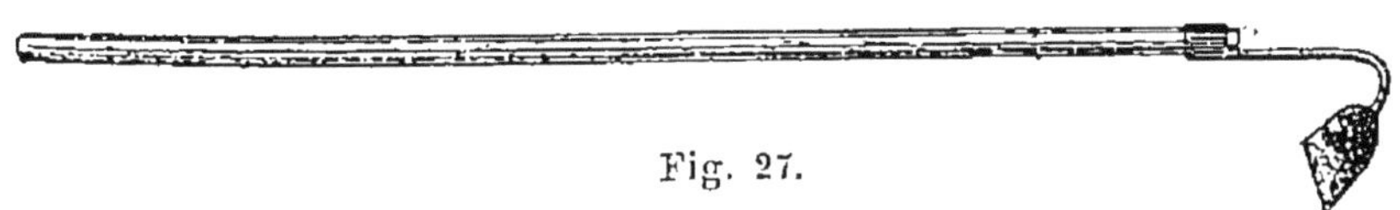

Fig. 27.

truments attelés; le sarclage s'effectue toujours à la main. Pour effectuer le binage à la main et le sarclage, on se sert d'instruments appelés binettes (fig. 27 et 28). Pour le sarclage, on prend une binette à manche très court.

Le binage à la main coûtant très cher, on a cherché à lui substituer le binage à la *houe à cheval*, qui revient à un prix beaucoup moins élevé.

Fig. 28.

163. Houe à cheval (fig. 29) Cette houe se compose d'un châssis triangulaire en fer ou en bois, portant un certain nombre de pieds recourbés et élargis à la partie inférieure, en forme de socs triangulaires. La largeur du train de la houe se règle suivant l'espace qui existe entre les lignes de récoltes à biner. Cet instrument est mû par un cheval ou un bœuf. Quand on bine à la houe à cheval, il faut que les plantes

Fig. 29.

soient assez fortes pour que l'instrument passe sans les recouvrir.

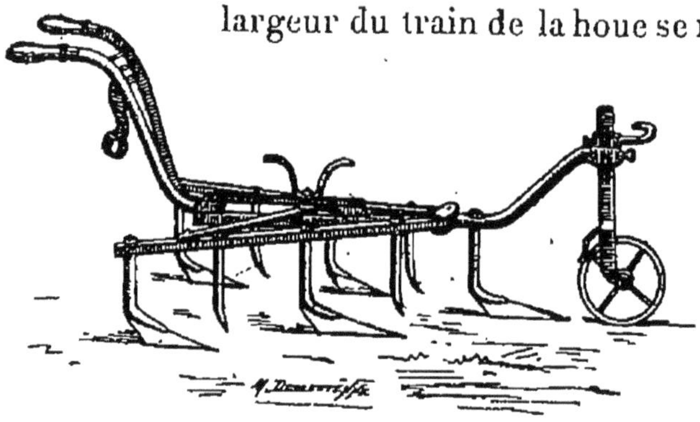

164. Les binages doivent être donnés toutes les fois que la terre tend à s'encroûter ou à s'enherber. Il faut se faire une loi de ce principe : *Ne laisser ni mottes, ni croûte, ni herbes.* Il ne faut pas non plus oublier cet axiome : *Un binage vaut un arrosage.*

Le binage vaut en effet un arrosage, car il rompt la capillarité du sol et empêche ainsi l'ascension de l'eau, jusqu'à la surface d'évaporation. L'action des binages peut être démontrée par l'expérience suivante : Prenons un morceau de sucre raffiné et couvrons sa surface avec du sucre en poudre. Plaçons le tout dans une assiette où

nous verserons un peu d'eau colorée avec de la fuchsine ;
l'eau s'élève par capillarité dans le morceau de sucre,
mais elle s'arrête à la partie pulvérisée dont la blancheur
contraste avec la couleur vive
du morceau entier. On conçoit
donc qu'une terre lissée, battue
par les pluies, aura chance de
se dessécher rapidement, si l'eau
s'élève par capillarité jusqu'à la
surface où elle s'évapore. Au contraire, cette évaporation
cessera, si par des binages on rompt la capillarité dans
la couche superficielle.

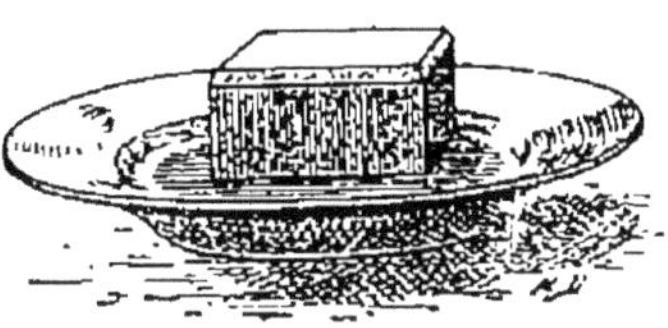

Fig. 30.

CHAPITRE XVII

Jachères. — Ensemencements.

165. Jachères. — On appelle *jachère* une terre labourable qu'on laisse improductive. Il faut, quand on laisse une terre en jachère, ne pas permettre aux mauvaises herbes de s'y multiplier. Aussi ne doit-on pas chercher à procurer ainsi un pâturage aux animaux.

Dès que la récolte est enlevée dans le champ que l'on veut mettre en jachère, on donne un labour léger ou un coup de scarificateur, pour faire naître les mauvaises herbes. Quand elles apparaissent, on les enfouit par un labour profond et on laisse le sol ainsi jusqu'à la fin de l'hiver, pour que les gelées l'ameublissent.

Au printemps, le labour fait avant l'hiver est soumis à un hersage vigoureux, suivi peu après par un labour léger. Quand les mauvaises plantes apparaissent, on donne de vigoureux hersages. Pendant le courant de l'été, on laboure de nouveau le sol et on le herse, quand les mauvaises plantes apparaissent. Enfin, un mois avant de semer, on fume le terrain et on le laboure pour enfouir la fumure.

La *demi-jachère* consiste à donner à une terre les trois premiers labours et à semer sur le troisième une plante sarclée qui nettoie complètement le sol.

166. Ensemencements. Choix de la graine. — Le premier soin du cultivateur, avant d'ensemencer, doit être de bien choisir ses graines. La graine à choisir doit être bien mûre. Il faut qu'elle ait été rentrée par un temps sec et n'ait pas été mouillée.

La bonne qualité d'une graine se reconnaît à sa grosseur, à son poids, à son état luisant et à l'absence d'odeur. Sa grosseur et son poids prouvent qu'elle est issue d'une plante vigoureuse; son état luisant dénote qu'elle est saine; l'absence d'odeur indique qu'elle n'a pas été échauffée et qu'elle a été bien conservée.

On peut faire des essais de graines avant de les semer. Le système d'essai le plus simple consiste à garnir le fond d'une soucoupe de deux morceaux de drap humectés à l'avance et placés l'un sur l'autre. On répand par-dessus un nombre déterminé de graines dont on veut essayer la faculté germinative; on doit éviter qu'elles se touchent et on les recouvre avec un troisième morceau de drap humide. On place la soucoupe dans un endroit modérément chaud, près d'une cheminée ou d'un poêle, et l'on verse de temps en temps un peu d'eau sur le drap supérieur, de manière à entretenir l'humidité sans que les graines soient baignées dans l'eau. On peut obtenir cette condition, en maintenant la soucoupe légèrement inclinée pour faire écouler l'eau en excès. En soulevant de temps à autre le morceau de drap supérieur, on suit les progrès de la germination. Les bonnes graines poussent des germes et les autres se couvrent de moisissures. En comptant le nombre des unes et des autres, on reconnaît le degré de valeur du lot de semences auquel ces graines appartiennent.

Le système que nous venons d'indiquer ci-dessus a été préconisé par l'illustre agronome *Mathieu de Dombasle*.

On devrait choisir dans un champ les plus belles plantes pour en récolter les graines, afin d'en propager l'espèce; c'est ce qu'on nomme la *sélection*.

107. Semailles. — L'époque des semailles varie avec chaque plante et avec chaque région. D'une manière générale, les terres argileuses devront être semées avant les terres légères, et les terres pauvres avant les terres riches.

Chaque graine demande à être enterrée à une certaine profondeur. Plus le sol est argileux, moins il faut enterrer la graine. Plus le sol est sableux, plus on doit l'enterrer. Plus la graine est fine, moins on l'enterre profondément. Peu de graines germent, si elles sont enfouies à plus de 0^m10 de profondeur.

Les semailles s'effectuent de deux façons : *à la volée* et *en lignes*.

Il est difficile de bien répandre la graine en la semant à

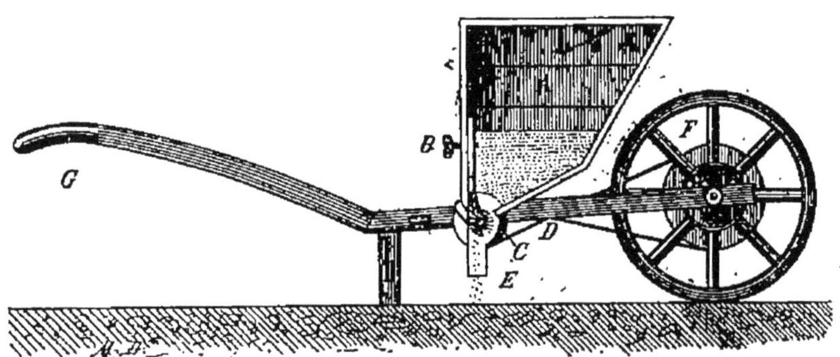

Fig. 31.

la volée. L'ouvrier qui sème doit avoir un pas régulier et lancer les grains tous les deux pas. Un semeur doit savoir aussi bien semer de la main gauche que de la main droite.

. On peut semer en lignes, en semant derrière la charrue qui recouvre la semence, ou sur raie en mettant la semence entre deux bandes de terre. On peut encore rayonner le sol et semer à la main dans les rayons ainsi obtenus. Il vaut mieux employer les *semoirs mécaniques* qui sèment à la profondeur et à la distance que l'on désire.

168. Semoirs mécaniques (fig. 31 et 32). — Les semoirs mécaniques peuvent être divisés en semoirs de graines à bras et en semoirs de graines à cheval.

Parmi les premiers, on range le semoir Dombasle

ou semoir-brouette (fig 31). Cet instrument consiste en un bâti de brouette, portant une trémie A qu'on remplit de graines. La partie inférieure de la trémie est garnie d'un cylindre à alvéoles C, dans lesquels entrent les graines. Ce cylindre tourne devant un pinceau-brosse obturateur, maintenu par une vis B. L'une des roues de la brouette porte une poulie F, sur laquelle s'enroule une corde sans fin D, qui passe également sur une petite poulie à l'extrémité du cylindre. En poussant le semoir

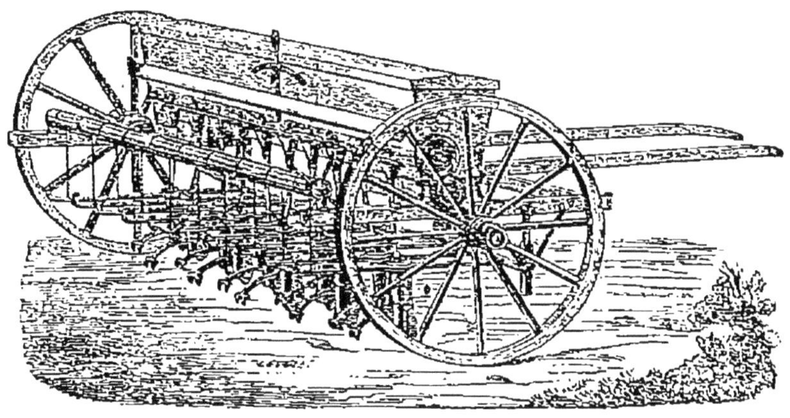

Fig. 32.

avec les mancherons G, l'ouvrier fait tourner le cylindre à alvéoles et les graines qu'il entraîne tombent sur le sol par le conduit E.

169. Semoirs à cheval (fig. 32). — Les semoirs de graines à cheval présentent des dispositions à peu près identiques, quels que soient les constructeurs qui les aient inventés ; les détails seuls varient un peu. Ils consistent en un bâti monté sur deux roues ; ce bâti porte la caisse renfermant les graines qui doivent être semées. Le mouvement en avant de l'appareil règle la sortie des graines, au moyen de combinaisons d'engrenages variées.

170. Transplantation. — La transplantation a pour objet d'enlever une plante de l'endroit où elle est, pour la planter ailleurs. La transplantation est une opération avantageuse toutes les fois que les plantes peuvent la supporter : car elle assure le bon développement du végétal. Seules certaines plantes à racines pivotantes et non charnues supportent mal la transplantation.

Pour que cette opération réussisse, il faut que le plant soit vigoureux et peu élevé. On arrive à obtenir un tel plant en semant clair. Pour pratiquer la transplantation, on opère à l'aide du plantoir ou de la charrue.

171. Transplantation au plantoir. — Quand on transplante au plantoir, on fait suivre la charrue d'ouvriers munis de plantoirs doubles (fig. 33). Ils font des trous à la distance déterminée par l'écartement des deux branches du plantoir. La longueur de l'instrument détermine la profondeur des trous. A mesure que les trous sont ouverts, d'autres ouvriers y mettent les plants. Cette méthode est très bonne ; c'est une des plus parfaites.

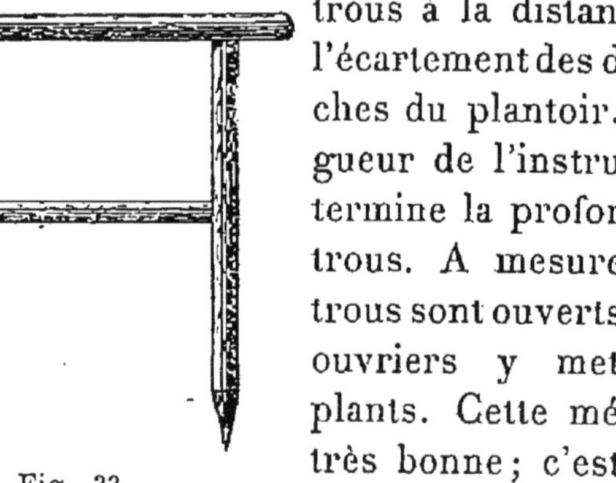

Fig. 33.

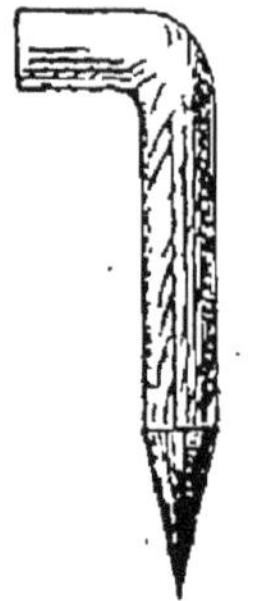

Fig. 34.

On se sert aussi quelquefois, au lieu du plantoir à deux branches, du plantoir simple, représentée par la figure 34.

172. Transplantation à la charrue. — Cette méthode est la plus rapide et la plus économique, mais c'est la moins parfaite. Elle consiste à déposer le plant sur la bande de terre renversée par la charrue en laissant plus ou moins d'intervalle entre chaque plant et en espaçant les lignes à deux ou trois tours de charrue. Par cette méthode, la terre ne presse pas toujours les racines et elles peuvent aussi se trouver recourbées. Le plant peut être trop couvert ou ne pas l'être assez. Aussi faut-il passer par derrière pour le relever ou le couvrir.

CHAPITRE XVIII

Récoltes.

173. On comprend sous le nom de *récoltes* toutes les opérations qui ont pour objet la séparation des plantes du sol pour en mettre les produits à l'abri des intempéries et des causes de destruction.

Tels sont la fauchaison, le fanage, les moissons.

FAUCHAISON ET FANAGE

174. La manière d'opérer diffère un peu, suivant qu'on a affaire à des prairies naturelles ou des prairies artificielles.

175. **Prairies naturelles.** — Les prairies naturelles sont celles qui se forment spontanément, c'est-à-dire sans l'intervention de l'homme. Leur gazon est composé de graminées et de légumineuses unies en proportions variables.

On fauche les prairies naturelles, quand les plantes qui s'y trouvent en plus grand nombre sont en pleine fleur. Si l'on fauche plus tôt, le foin est trop mou et peu nourrissant; plus tard, le foin est dur et peu savoureux.

176. **Prairies artificielles.** — Les prairies artificielles sont celles que l'homme crée sur tel ou tel terrain et dont la durée est variable, ainsi que la composition. Il est des prairies artificielles qui sont composées de graminées ou d'un mélange de graminées et d'autres plantes fourragères. Ces prairies ont souvent une durée de plusieurs années.

La fauchaison des prairies artificielles doit s'effectuer,

quand les plantes qui les composent sont en pleine fleur.

177. L'herbe des prairies naturelles et artificielles se coupe à l'aide de la faux et de la faucheuse mécanique.

La *faux* (fig. 35) se compose d'une lame et d'un manche. La lame a la forme d'un arc de cercle à grand rayon, et qui se prolonge en pointe à l'une de ses extrémités. Le manche est en bois; il est garni d'une poignée vers le milieu de sa longueur.

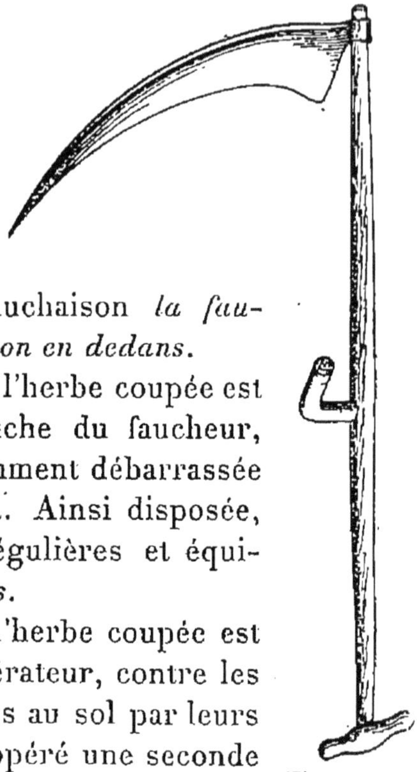

Il y a deux systèmes de fauchaison *la fauchaison en dehors* et la *fauchaison en dedans*.

On fauche en dehors, lorsque l'herbe coupée est poussée par la faux, à la gauche du faucheur, sur la partie du gazon précédemment débarrassée des plantes qui l'ombrageaient. Ainsi disposée, l'herbe constitue des lignes régulières et équidistantes, qu'on nomme *andains*.

On fauche en dedans, quand l'herbe coupée est poussée vers la gauche de l'opérateur, contre les tiges qui sont encore attenantes au sol par leurs racines. Alors, après qu'on a opéré une seconde fauchée en dehors, l'andain est dit *andain double*.

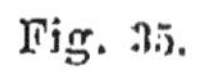

Fig. 35.

178. La *faucheuse* (fig. 36) est un instrument propre à exécuter mécaniquement le fauchage des plantes fourragères. Dans presque toutes les faucheuses la coupe est faite par une scie, soutenue près du sol, latéralement au bâti de la machine. Cette scie doit tondre les herbes, aussi près de terre que possible, sans s'engorger et sans que ses dents rencontrent le sol. Le mouvement est imprimé à la scie par un système d'engrenages commandés par les roues motrices.

179. **Fanage des prairies naturelles.** — Que la fauchaison soit exécutée à l'aide de la faux ou de la

faucheuse mécanique, on devra toujours s'attacher à couper l'herbe le plus près possible du sol, de façon à ne pas perdre de fourrage.

Quand le foin est coupé, on le fane au moyen de fourches et on l'éparpille le mieux possible, sans trop le secouer cependant.

Le soir, on met l'herbe fanée en petits meulons. Le lendemain, on la fane de nouveau, et le soir on la met en meulons de 60 à 80 kilos. On laisse le foin ainsi plusieurs

Fig. 36.

jours, au bout desquels on le rentre. Chaque soir, le foin doit être mis en meule, afin que la rosée ne le fasse pas blanchir. Si le temps est à l'eau, on fait également des meulons dans le milieu de la journée. Quand le fourrage est bien sec, on le rentre à la ferme, où il est mis en grange ou en meules.

180. Ce qui vient d'être dit s'applique tout spécialement au fanage des prairies naturelles; l'opération diffère un peu pour les prairies artificielles. On laisse les andains coupés, pendant un jour ou deux au plus, sans y toucher. S'il fait beau, on fait de petits tas que l'on a soin de retourner de temps en temps. On ne doit toucher aux prairies artificielles que le matin et le soir : car, dans le

milieu de la journée, les feuilles tombent avec facilité et la qualité du fourrage en est diminuée de beaucoup.

Le foin des prairies artificielles se conserve comme celui des prairies naturelles, en meules ou en grange.

Il faut toujours mettre au-dessous des tas de foin une couche de paille ou de foin de mauvaise qualité. Cette couche, appelée *soutre*, empêche l'altération des parties inférieures, causée par un contact direct avec le sol.

181. Fanage mécanique. — Au lieu d'effectuer

Fig. 37.

le fanage à la main, on peut l'exécuter au moyen d'un instrument spécial, nommé *faneuse* (fig. 37).

Cet instrument se compose d'un bâti en fer, monté sur deux roues, entre lesquelles un tambour simple ou divisé en plusieurs parties, indépendantes l'une de l'autre, peut être mis en mouvement par les roues motrices.

Des bras en fer rayonnent à partir de l'axe de rotation et portent à leurs extrémités des dents de fourche mobiles sur un ressort. Par un double système d'engrenages, on peut faire tourner les dents dans le sens de la marche ou dans le sens opposé.

Quand les dents tournent dans le sens de la marche, l'appareil disperse le foin en le jetant en l'air et en le

disséminant; dans le second cas, il le soulève légèrement
et le change de place sans le retourner.

La faneuse ne peut être employée que dans les prairies
naturelles. Dans les prairies artificielles de luzerne, trèfle
ou sainfoin, elle ferait tomber toutes les feuilles.

182. **Râtelage mécanique.** — Au lieu des anciens
râteaux employés dans la culture, on voit fréquemment
des agriculteurs se servir d'instruments attelés qui les
remplacent fort avantageusement.

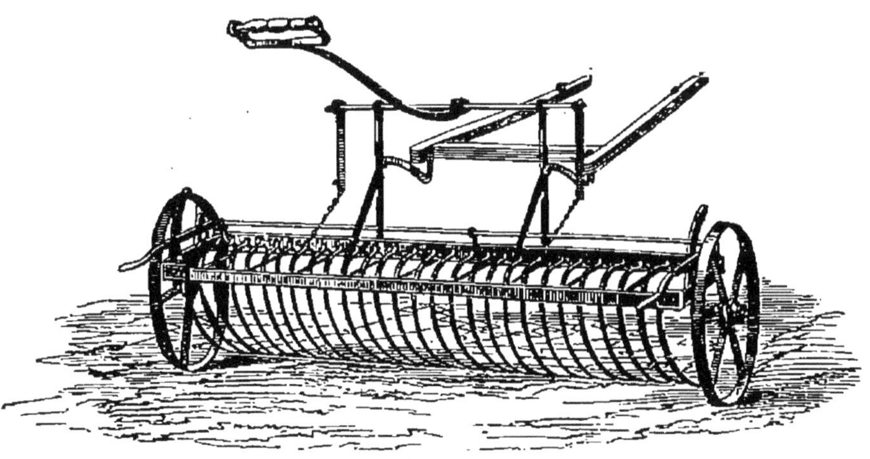

Fig. 38.

Ces instruments appelés *râteaux mécaniques* (fig. 38)
fournissent un travail très économique, surtout quand la
surface des prairies est considérable.

Le râteau mécanique se compose d'un bâti en fer monté
sur deux roues. Ce bâti porte un râteau à longues dents
recourbées, qui peuvent tourner autour de la pièce sur
laquelle elles sont assemblées. L'extrémité des dents porte
sur le sol, et elles sont indépendantes les unes des autres.
Un mécanisme particulier pour chaque modèle permet de
soulever toutes les dents à la fois et de les faire remonter
à une hauteur suffisante pour les dégager des herbes
qu'elles ont ramassées.

CHAPITRE XIX

Moissons.

183. On donne le nom de *moisson* ou de *métive* à la récolte des céréales, qui comprennent le blé, l'orge, le seigle, l'avoine, etc.

184. **Époque de la maturité.** — *Blé*. — On reconnaît que le *froment* ou *blé* est bon à couper quand d'un grain que l'on presse il ne sort pas de lait ; la paille est alors plus jaune. Si l'on croit le temps tout à fait pluvieux, il vaut mieux retarder la moisson que de la faire à ce moment, car le blé souffre moins sur pied que s'il était coupé et placé à terre.

Seigle. — Le seigle doit être récolté avant d'être complètement mûr. On doit le couper, quand la paille blanchit et que les nœuds perdent leur couleur brune.

Avoine. — L'avoine devra être récoltée, quand la plus grande partie des grains est mûre. Si l'on attendait que tous le fussent, ceux du bas tomberaient avant la maturité de ceux du sommet.

Orge. — L'orge est bonne à couper quand la paille a une couleur jaune dorée et quand les épis s'inclinent.

185. La *moisson* se fait au moyen de la *faucille*, de la *faux*, de la *sape* et de la *moissonneuse*.

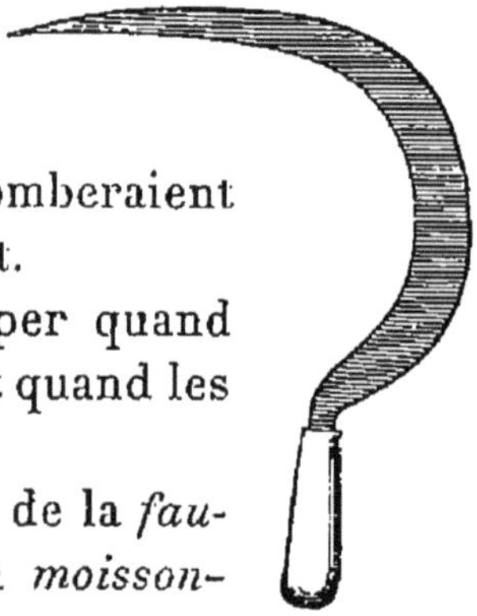

Fig. 39.

186. **Faucille** (fig. 39). — La faucille est un instrument connu depuis la plus haute antiquité. Elle est formée

d'une lame en acier ou en fer, courbée à peu près en demi-cercle et emmanchée dans un morceau de bois formant poignée. La faucille est à lame unie ou à lame armée de dents. Un moissonneur peut couper à la faucille de sept à dix ares au maximum par jour. Dans quelques pays, les

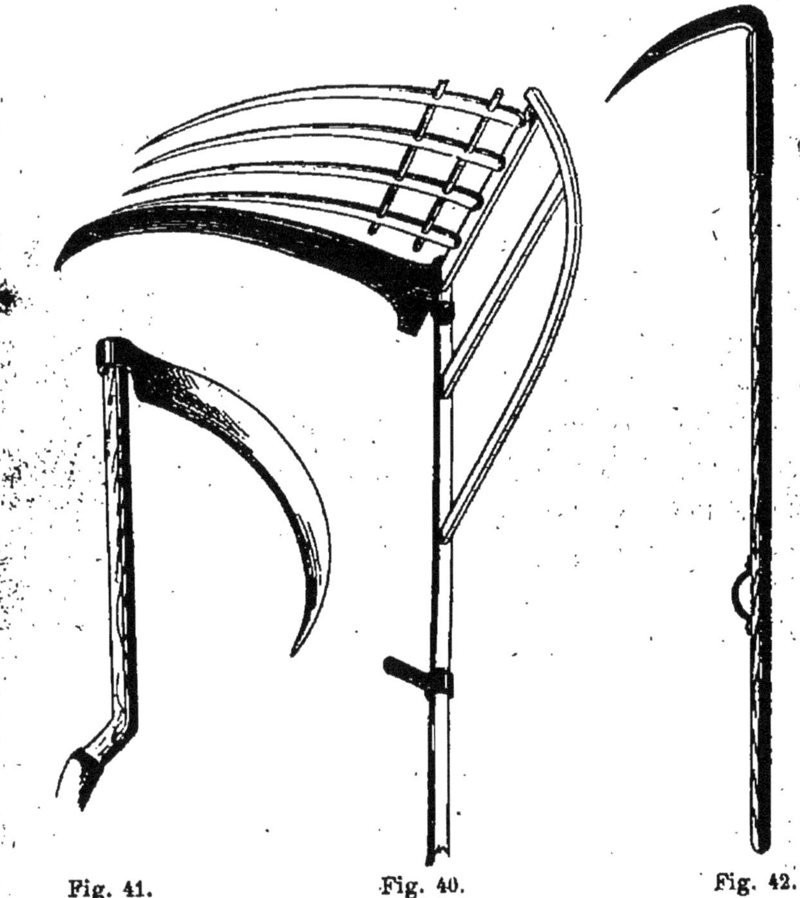

Fig. 41.   Fig. 40.   Fig. 42.

moissonneurs à la faucille arrivent à couper vingt ares par jour, mais ce sont là des exceptions.

187. **Faux.** — La faux dont on se sert pour la moisson (fig. 40) est une faux armée. L'armature consiste en une pièce de bois léger qu'on fixe perpendiculairement à la lame, dans une mortaise pratiquée sur le manche, et

qu'on assujettit par un bâton courbe, qui part de l'extrémité de cette pièce pour rejoindre le manche. Ce bâton est renforcé par une seconde pièce de bois, parallèle au premier montant. Le montant porte des branches ayant la même direction et la même courbure que la faux.

On a l'habitude de faucher en dedans pour le froment et le seigle, c'est-à-dire de faire tomber ces céréales sur la

Fig. 43.

partie non coupée; l'orge et l'avoine se fauchent en dehors.

Un homme suit chaque faucheur pour faire de petits tas ou *javelles*. Ces javelles servent ensuite à confectionner des gerbes.

188. **Sape** (fig. 41). — La sape est une petite faux à manche court et coudé et à lame recourbée à son extrémité. La sape a pour complément le crochet, formé d'un manche en bois, auquel s'adapte un crochet en fer (fig. 42).

Pour opérer la moisson à l'aide de la sape, on saisit la

paille avec le crochet de la main gauche et on coupe de la main droite. Cet instrument avance plus que la faucille, mais moins que la faux.

189. **Moissonneuse** (fig. 43). — La moissonneuse est une machine à traction animale, propre à exécuter la récolte des céréales.

Cet instrument se compose d'un bâti porté par une roue de 0^m80 à 1 mètre de diamètre. La roue porteuse est munie intérieurement d'une couronne dentée, sur laquelle engrène une petite roue ou pignon. L'axe de ce pignon porte des roues dentées qui transmettent le mouvement de la roue porteuse, tant à la scie qu'aux râteaux de javelage, par l'intermédiaire d'engrenages spéciaux. Tel est, réduit à sa plus simple expression, le mécanisme d'une moissonneuse.

Ce genre de moissonneuse n'est pas le seul employé; on utilise également les moissonneuses-lieuses, avec lesquelles le liage des gerbes est fait mécaniquement.

190. Quantité de travail exécuté avec les différents instruments de moissonnage (par jour de 10 heures).

Faucille	7 à 10 ares
Faux	50 ares
Sape	30 ares
Moissonneuse	4 hectares

CHAPITRE XX

Opérations postérieures à la moisson. — Conservation des racines.

191. Mise en gerbes des céréales. — Une gerbe est la réunion des tiges de céréales non battues; elle varie en grosseur suivant les localités et les plantes qui ont servi à la confectionner.

On ne doit procéder à la mise en gerbes d'une céréale que lorsque les tiges sont presque sèches et lorsque les herbes qui y sont associées ont perdu les trois quarts de leur humidité.

Les liens dont on se sert pour lier les gerbes sont constitués de matières diverses : on emploie la paille, la corde, les jeunes branches d'arbre et le fil de fer.

192. Moyettes. — Dans les pays où les pluies sont fréquentes, on dispose les céréales en *moyettes* ou *moies*. Les moyettes ne sont pas faites partout de la même façon; les plus connues sont : la moyette flamande, la moyette picarde et la moyette normande.

Moyette flamande (fig. 44). — La moyette flamande se fait en rassemblant en une gerbe quatre, cinq ou six fortes javelles. Le lien est placé aux deux tiers de la longueur des tiges, vers leur sommet. La gerbe est alors placée debout, les épis en l'air. On réunit ensuite deux ou trois javelles et on les lie au quart de la longueur des tiges, du côté de la base.

Cette deuxième gerbe est alors ouverte en forme d'entonnoir et renversée sur la première en forme de chapeau.

Fig. 44.

Les épis placés ainsi, la tête en bas, ne peuvent être détériorés par l'eau des pluies ; en outre ils servent d'abri à la première gerbe.

Moyette picarde (fig. 45). — La moyette picarde est plus difficile à confectionner que la moyette flamande. Il faut d'abord former un triangle avec trois javelles et les disposer de façon que les épis de l'une reposent sur la base de l'autre.

On couche ensuite des javelles sur ce triangle, en suivant une ligne circulaire et en dirigeant les épis vers le centre de la moyette. On continue ainsi, jusqu'à ce que la partie centrale du tas ait atteint une hauteur de 1^m20 à 1^m40.

Fig. 45.

On fait alors une forte gerbe, que l'on dispose en entonnoir pour la renverser sur la moyette à laquelle elle doit servir de chapeau-abri.

Moyette normande (fig. 46). — La moyette normande se compose de huit ou neuf gerbes adossées les unes contre les autres et recouvertes par une forte gerbe ouverte en forme d'entonnoir renversé. La gerbe qui sert de chapeau doit être liée au quart de sa longueur, du côté de la base.

Fig. 46.

193. Dizeau. — On donne le nom de *dizeau* à un petit tas de gerbes, quelle qu'en soit la forme. Autrefois, alors que la dîme existait, les dizeaux étaient composés de dix gerbes ; aujourd'hui ils se composent de douze, quinze et trente gerbes, suivant les pays.

La forme des dizeaux varie également beaucoup : tantôt ils sont prismatiques, tantôt ils ont la forme de croix ou bien encore ils constituent une petite masse circulaire ou moyette.

194. Meules de céréales. — On divise les meules de céréales en deux catégories : les meules *temporaires* ou *provisoires* et les meules *permanentes* ou *définitives*.

Les meules temporaires se font dans les pays où le battage suit immédiatement les opérations de la moisson. On les établit au dehors, sur la limite de l'aire où doit s'effectuer le battage. Les meules définitives se font soit au dehors, soit à l'intérieur des bâtiments. Elles sont en usage dans les contrées où le battage a lieu en grange, pendant une grande partie de l'année. On leur donne le plus généralement une forme ronde, de préférence à la forme prismatique qu'on emploie fréquemment pour les meules temporaires.

L'emplacement des meules doit être garni d'un *soutrait* ou *soutre*, formé de fagots ou de paille, de manière à garantir les céréales d'un contact trop direct avec le sol. Les meules de gerbes qui doivent séjourner plusieurs mois dans les champs, réclament une couverture pour soustraire les grains et la paille à l'action fâcheuse de l'humidité. On peut employer pour cela les différentes pailles de céréales.

195. Battage des céréales. — Cette opération s'exécute de quatre manières différentes : au *fléau,* par *dépiquage,* au *rouleau* et avec les *machines à battre.*

Battage au fléau. — Le manche du fléau doit être fort et léger, la verge résistante. On fait la verge en charme ou en chêne.

L'aire sur laquelle on opère doit être couverte d'argile bien battue, qui ne s'écaille pas sous le fléau. En faisant usage du fléau, on laisse un peu de grain dans la paille et on ne peut pas battre par tous les temps, si l'aire n'est pas abritée.

Dépiquage. — On délie les gerbes et on les dispose les unes contre les autres, l'épi en l'air. On fait arriver sur l'aire des chevaux déferrés et on les y fait trotter. Par cette méthode, on avance plus qu'au fléau, on laisse moins de grain, mais il faut un grand soleil et la paille est très hachée. Le grain est mélangé à beaucoup de poussières et de crottins.

Battage au rouleau. — On met les gerbes déliées sur une aire bombée et on tourne les épis du côté du centre. On fait tourner dessus un rouleau en pierre, ayant à une extrémité 0ᵐ 90 de diamètre et 0ᵐ 80 à l'autre, avec une longueur de 1ᵐ 20. Ce rouleau est traîné par des chevaux.

Le battage au rouleau est plus parfait que le battage au fléau et le dépiquage ; la paille est moins hachée et il reste très peu de grain dans les épis.

Machines à battre. — Les machines à battre ou *batteuses* se divisent en deux catégories : 1° les batteuses dites en bout ; 2° les batteuses dites en travers.

Dans les batteuses en bout, les tiges des céréales sont présentées à l'organe batteur dans le sens de leur longueur et par l'extrémité qui porte les épis.

Dans les batteuses en travers, les tiges sont présentées au batteur parallèlement à son axe.

Les batteuses en bout et les batteuses en travers se divisent elles-mêmes en batteuses fixes et en batteuses locomobiles, suivant qu'elles sont établies à demeure ou qu'elles peuvent se transporter d'un point à un autre à l'aide de roues.

Les différentes catégories de batteuses sont mises en mouvement soit avec un manège, soit avec une machine à vapeur. Le travail des batteuses est plus avantageux que celui des autres systèmes de battage ; il avance plus que les autres, coûte moins cher et permet d'utiliser les jours pluvieux de l'hiver où aucun travail n'est possible.

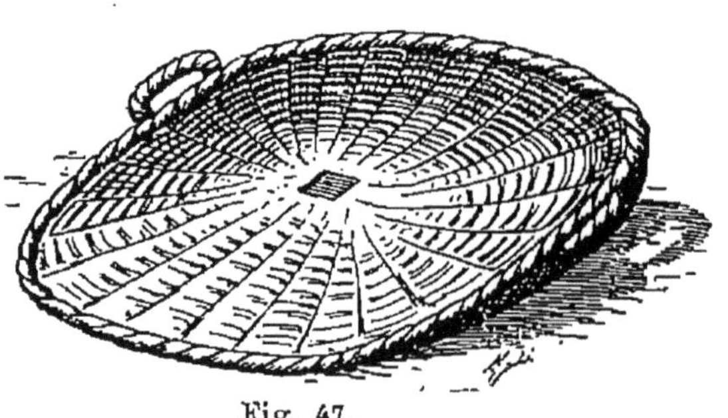

Fig. 47.

196. Nettoyage des grains. — Quand les grains sont séparés des épis, il faut les débarrasser des balles, de la menue paille et des mauvaises graines.

On se servait autrefois pour cela d'un ustensile appelé *van* (fig. 47). L'usage du van remonte à la plus haute antiquité.

Pour séparer les grains des matières étrangères auxquelles ils sont mélangés, on remplit le van de grains et on le secoue en plein air, de manière que le vent agisse sur la masse. Quand les impuretés sont parties, on fait tomber lentement les grains sur le tas, pour que le vent chasse la poussière qui peut être restée adhérente.

Le van est avantageusement remplacé par le *tarare* (fig. 48). Le nettoyage des grains s'opère très rapidement et à bon marché à l'aide du *tarare ventilateur.* On compte que le vannage d'un hectolitre

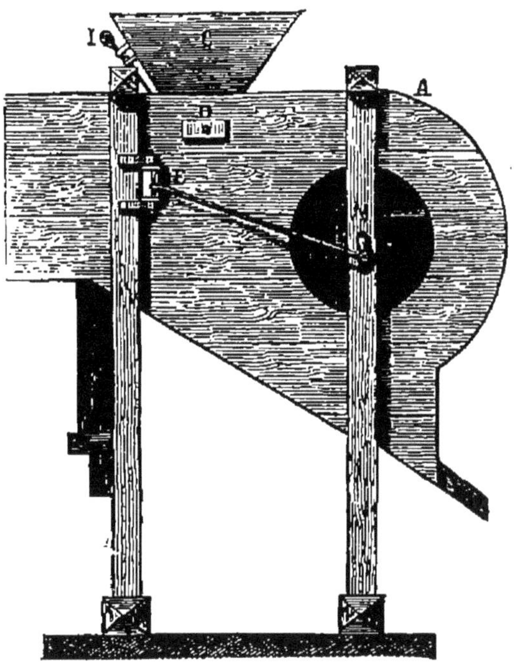

Fig. 48.

revient à 0 fr. 10 environ. On ne se contente pas d'ordinaire d'un seul passage au tarare ; le plus souvent on opère deux fois de suite. Même après ces deux passages au tarare, les grains contiennent souvent des graines étrangères qu'on veut éliminer. On se sert pour cela d'un *trieur mécanique* (fig. 49).

Cet instrument permet d'opérer le triage des grains en quatre ou cinq catégories, ce qui est fort avantageux pour obtenir des grains de semence de choix.

Le but principal du trieur est d'éliminer les graines

étrangères, qui se trouvent quelquefois mélangées en quantité considérable avec les graines de nos céréales.

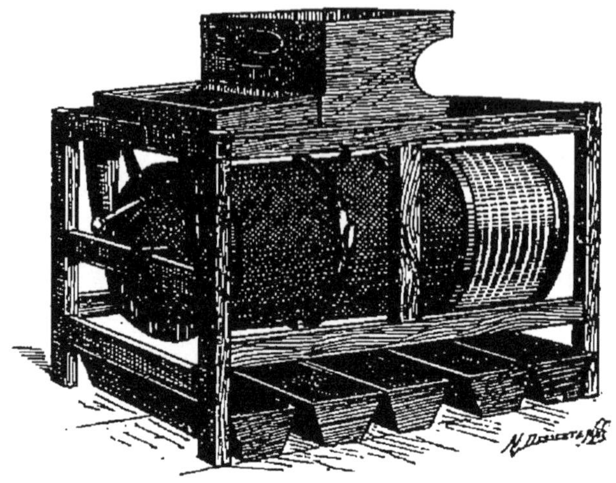

Fig. 49.

Le prix d'un trieur est en moyenne de 250 francs; celui d'un tarare, de 50 à 80 francs.

197. Conservation des grains. — Pour conserver les grains, on les met dans un grenier en ayant soin de les remuer souvent, pour enlever l'humidité qu'ils contiennent et aussi pour empêcher les charançons de s'y multiplier. Les fenêtres doivent être plus nombreuses au nord qu'aux autres expositions, afin d'obtenir un courant d'air froid et sec.

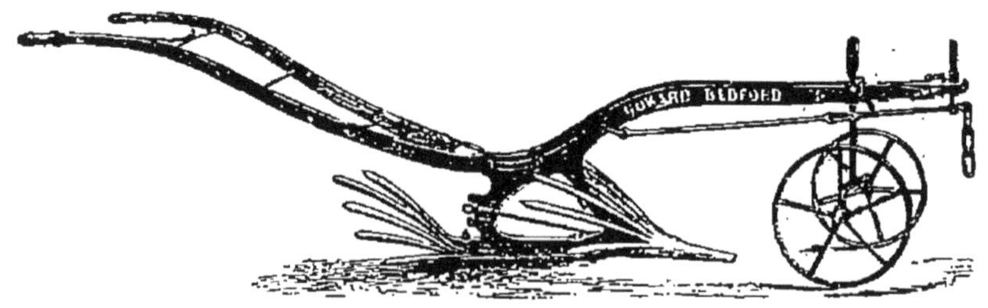

Fig. 50.

198. Récolte des racines. — On arrache les racines à la main ou avec une charrue spéciale. La charruc dont on se sert n'a pas de versoir. Pour arracher les pommes de terre ou les topinambours, on peut employer des instruments à main ou des *arracheurs de pommes de terre* (fig. 50).

Les arracheurs ramènent les tubercules à la surface du sol, où il ne reste plus qu'à les ramasser.

Quand les racines pivotantes (carottes, betteraves) sont arrachées, on coupe les feuilles assez bas pour qu'elles ne repoussent pas, mais sans atteindre le collet trop fortement, car alors la pourriture serait à craindre.

199. Conservation des racines. — Les conditions à observer pour maintenir saines les différentes racines pendant six mois sont de les mettre à l'abri des froids, de les préserver de l'humidité et de la lumière. On satisfait à ces conditions, en mettant les racines dans des silos, caves ou celliers.

Conservation en silos (fig. 51). — Les pommes de terre, carottes et bette-

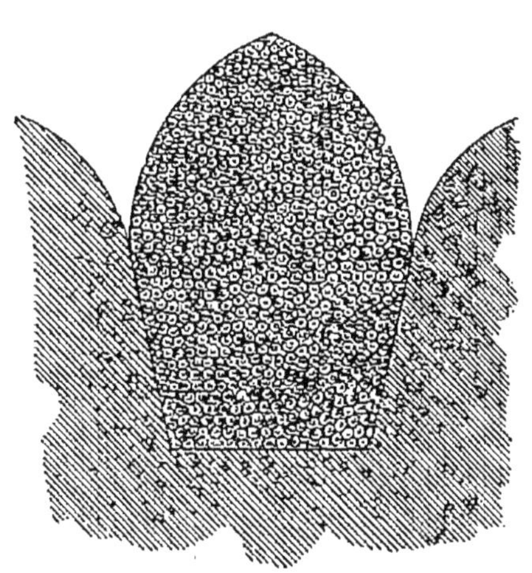

Fig. 51.

raves s'y conservent. Les silos faits dans la terre ont l'inconvénient de rendre le triage et l'extraction des racines difficiles et aussi d'exposer ces racines à l'humidité. On préfère en conséquence les silos au niveau du sol. Pour les établir, on commence par placer une légère couche de paille, qui sert de préservatif contre l'humidité, puis on arrange les racines en donnant au tas la forme d'un toit. Cela fait, on creuse autour du tas un fossé de 0^{m}40 de profondeur et on rejette la terre sur les betteraves entassées. Il faut de 0^{m}20 à 0^{m}30 d'épaisseur de terre pour soustraire les racines fourragères aux différentes causes d'altération.

On ménage sur les côtés quelques ouvertures, qui servent à empêcher l'échauffement des racines. On donne aux silos de betteraves 10 mètres de longueur sur 2 mètres de largeur à la base. Pour les silos de carottes, on réduit les dimensions à 4 mètres de longueur et 1^m50 de largeur.

Conservation en caves et celliers. — Les caves ou les celliers dans lesquels on met des racines, doivent être bien secs. Il faut pouvoir y donner de l'air au moyen d'ouvertures placées à la partie supérieure. On entasse les racines jusqu'à une hauteur de 2 mètres et on les recouvre de paille pour les préserver du froid. Elles peuvent aussi se conserver dans les granges ou sous les mangeoires des animaux.

Conservation en plein air. — Les raves et navets se conservent en plein air, parce que ces racines ne craignent pas la gelée. S'il tombe de la neige, on les couvre de paille que l'on enlève ensuite.

CHAPITRE XXI

Étude de la plante au point de vue agricole.

GERMINATION

200. Dans une couche de sable humide, de quelques centimètres d'épaisseur, plaçons quelques grains de haricots. Si la température extérieure est d'environ 15°, les haricots germent au bout de quelques jours.

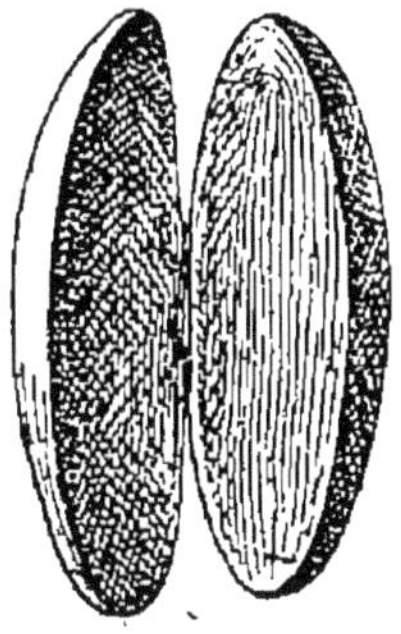

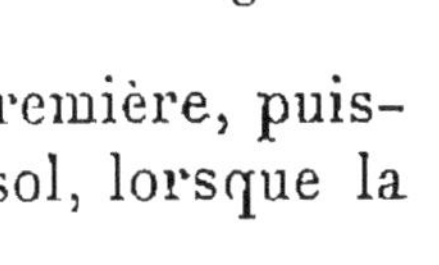

En suivant alternativement les phases de leur développement, nous les verrons d'abord se ramollir, se gonfler, et puis éclater, par suite de leur augmentation de volume. Bientôt le haricot se divise en deux longitudinalement et s'entr'ouvre comme un livre (fig. 52); — ce sont les *coty-*

Fig. 52.

lédons qui s'écartent l'un de l'autre. On voit alors, sur les bords de la charnière, l'embryon se dessiner nettement et envoyer vers le bas un petit filet cylindrique : c'est la *radicule,* qui deviendra la racine principale du haricot; puis vers le haut, vers la lumière, l'embryon envoie un autre filet : c'est la *tigelle;* elle donnera la tige principale, qui portera les feuilles, les fleurs et les fruits (fig. 53).

Fig. 53.

La radicule se développe d'abord la première, puisqu'elle doit puiser les aliments dans le sol, lorsque la réserve nutritive de la graine sera épuisée.

Quant à la tigelle, en sortant de terre elle est enroulée

en crosse, portant à ses extrémités les deux cotylédons ouverts entre lesquels apparaît la *gemmule*, sous la forme d'un bourgeon qui donnera les premières feuilles (fig. 54).

La plante se trouve alors constituée, et, si les mêmes conditions d'*humidité*, d'*air*, de *chaleur* persistent, le haricot se développe normalement. Ces trois actions sont en effet indispensables à la germination.

Dans une couche de sable sec, le haricot ne germerait pas, les deux autres conditions étant remplies. Chacun sait en effet que, pour empêcher la graine de germer, il suffit de la tenir au sec. La sécheresse arrête même la germination : c'est avec un courant d'air sec que les brasseurs arrêtent la germination de l'orge.

A l'abri de l'air, c'est-à-dire de l'oxygène, le haricot ne germe pas non plus. Mettons quelques graines de haricot dans du sable mouillé où l'air ne puisse circuler librement.

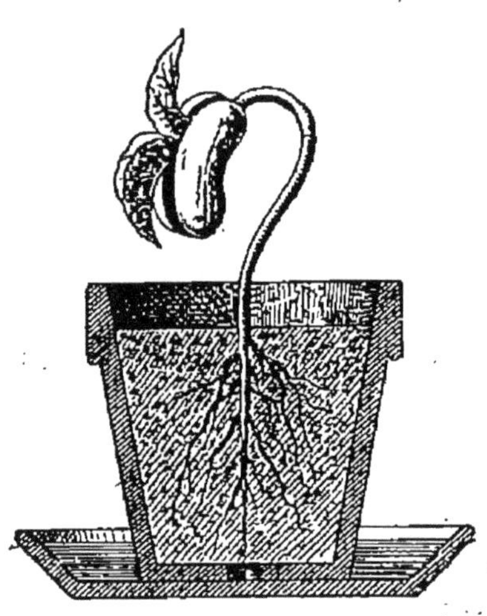

Fig. 54.

Le haricot pourrit, mais ne germe pas. Du reste, on peut faire l'expérience suivante. On remplit deux verres de sable humide et on enfouit dans chacun d'eux cinq ou six grains de haricot. On recouvre le verre n° 1 d'une cloche, sous laquelle on fait brûler quelques fragments de papier, qui s'éteignent quand il n'y a presque plus d'oxygène. A côté, on place le verre n° 2. Dans celui-ci, exposé à l'air libre, les haricots sortent de terre au bout de quelques jours. Dans le premier, sous la cloche, les haricots ne germent pas, parce que l'atmosphère confinée au-dessus d'eux ne renferme que de l'azote et de l'acide carbonique.

La troisième action nécessaire à la germination est la chaleur. Il y a une température au-dessous de laquelle la graine ne germe pas. En hiver, par exemple, nos haricots ne pousseraient pas. La température la plus favorable, pour leur germination est 33°7 ; pour le blé, cette température est de 28°7.

L'oxygène et l'eau sont nécessaires à la graine, parce que ses réserves en sont dépourvues. D'autre part, tant que la racine n'est pas constituée, c'est-à-dire pendant la germination, la plante doit trouver en elle-même des éléments nutritifs. C'est ainsi que l'embryon trouve un élément azoté : le gluten, et un élément hydrocarboné : l'amidon. Des ferments particuliers rendent ces substances solubles et assimilables.

Dès qu'elle a épuisé les substances nutritives contenues dans la graine, la plante doit trouver ses aliments dans l'air et dans le sol. Mais ici un nouvel agent intervient dans la croissance de la plante : c'est la *lumière*.

CROISSANCE DE LA PLANTE

201. Action de la lumière. — Faisons germer deux haricots, l'un à la lumière et l'autre à l'obscurité. Au bout d'une quinzaine de jours, les haricots atteignent de part et d'autre une hauteur de 0ᵐ20. Mais celui qui a poussé à l'obscurité est languissant. Sa tige, ses feuilles, ses racines, lorsqu'elles sont desséchées, pèsent ensemble moins qu'un haricot sec qui n'a pas encore germé. Au contraire, celui qui a poussé en pleine lumière est vert, et sa tige est munie de larges feuilles. Desséché, il pèse beaucoup plus que la graine qui lui a donné naissance (fig. 55).

La lumière est donc indispensable à la croissance des plantes ; *elle les fait verdir et augmenter de poids.*

Pour se faire une idée précise de la croissance de la

plante, il faut étudier successivement les fonctions des feuilles, des racines et des tiges. C'est en botanique que ces fonctions sont étudiées en détail ; nous nous plaçons ici au point de vue agricole.

202. **Fonctions des feuilles. Nutrition.**

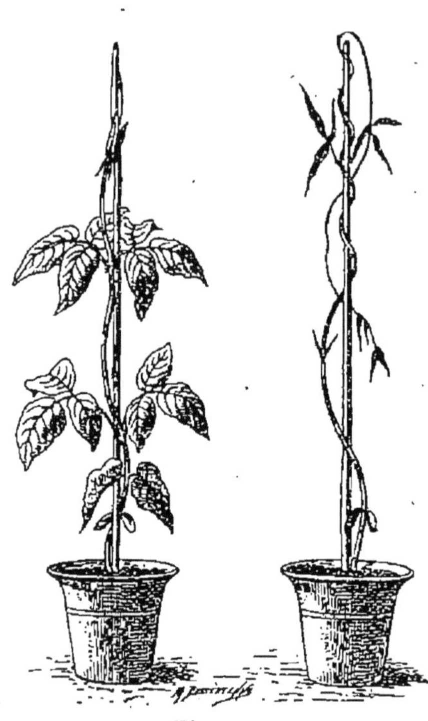

Fig. 55.

— Par ses feuilles, la plante *se nourrit*, elle *respire*, elle *transpire*. Elle se nourrit en puisant dans l'air le carbone, l'hydrogène et quelquefois l'azote (ce dernier cas est celui de la famille des légumineuses). La matière verte contenue dans la feuille (*chlorophylle*), matière qui, pour se former, a exigé la présence de la lumière, décompose sous l'action des rayons solaires l'acide carbonique de l'air ; le carbone se fixe dans la feuille, et par suite dans le végétal, et l'oxygène se dégage : c'est la *fonction chlorophyllienne*. Le poids de la plante augmente donc du poids du carbone assimilé.

Puisqu'elle s'accomplit sous l'influence de la lumière solaire, cette fonction n'a pas lieu pendant la nuit. Elle ne peut se produire non plus chez les végétaux qui n'ont pas de chlorophylle (champignons). Ces plantes sont obligées de trouver ailleurs du carbone assimilable ; généralement, elles vivent aux dépens des autres : elles sont parasites.

L'oxygène est apporté au végétal par l'eau et l'acide azotique ou par d'autres composés oxygénés (acide phosphorique, phosphates) ; l'hydrogène est apporté par l'eau et l'ammoniaque. On ignore si l'azote est absorbé directement dans l'air par tous les végétaux. Certains savants l'affirment : l'action aurait lieu sous l'influence de l'électricité. Ce qui est certain, nous l'avons dit, c'est que les légumineuses prennent directement l'azote dans l'air. L'enfouissement d'une récolte de légumineuses enrichit donc le sol en matières azotées.

203. Respiration. — Pendant le jour et pendant la nuit, la plante respire en absorbant l'oxygène et en dégageant l'acide carbonique. Cette fonction est inverse de la fonction chlorophyllienne, au point de vue des effets produits. La fonction chlorophyllienne n'est en effet qu'une fonction de nutrition. A la lumière, les deux fonctions s'accomplissent en même temps. On croit qu'en une demi-heure à la lumière la plante dégage un volume d'oxygène égal au volume d'acide carbonique dégagé en vingt-quatre heures. Aussi durant le jour la fonction chlorophyllienne paraît-elle exister seule.

204. Transpiration. — Les feuilles transpirent et rejettent dans l'air une grande quantité de vapeur d'eau. Pendant les mois qui précèdent la maturité, le blé exhale 14^{l}353 de vapeur d'eau, le trèfle 3^{l}568. En un an, le chêne rejette 226 fois son poids d'eau. Cette quantité permet de se rendre compte de l'importance de la fonction de transpiration. L'eau de transpiration provient des racines. Or les racines puisent cette eau dans le sol. Si celui-ci se dessèche, la plante est condamnée à dépérir faute d'eau. La transpiration qui se produit à la surface des feuilles est une des causes de l'ascension de la sève. Il y a pour ainsi dire appel d'eau de la tige vers les feuilles et des racines vers la tige.

La transpiration des feuilles permet à la plante de rejeter l'excès d'eau et de concentrer davantage les sucs nutritifs. Par conséquent plus elle est active, plus la plante s'accroît rapidement.

CHAPITRE XXII

Étude de la plante *(suite)*. — Fonctions des racines
et des tiges.

205. Fonctions des racines. — De la racine prinpale du haricot émergent des racines secondaires, tertiaires, etc. Toutes ces racines se terminent par des *radicelles*. Ces radicelles portent à leur extrémité une *coiffe*, sorte de bonnet formé d'une matière consistante et destinée à protéger cette extrémité. Un peu en arrière de la coiffe se trouve la région des poils. On démontre en botanique que *c'est seulement par la région des poils que la racine absorbe les aliments du sol.*

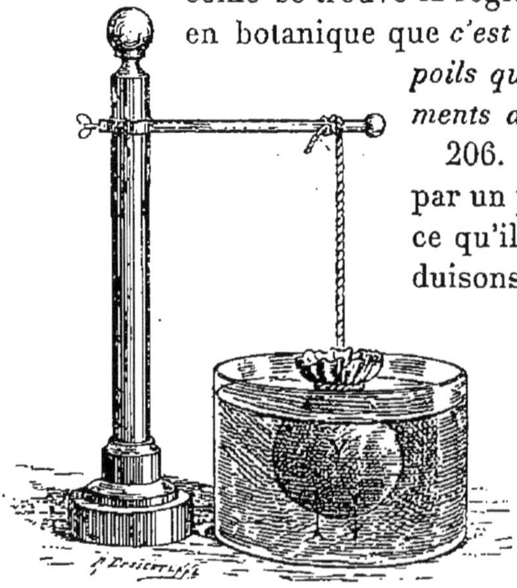

206. Cette absorption se fait par un phénomène d'*osmose*. Voici ce qu'il faut entendre par là. Introduisons dans un flacon rempli d'eau sucrée une vessie V remplie d'eau pure (fig. 56). L'eau sucrée et l'eau pure sont séparées par l'épaisseur de la vessie. Or, au bout d'un certain temps, on constate que l'eau de la vessie est sucrée, tandis que l'eau du flacon

Fig. 56.

l'est moins qu'auparavant. Cela prouve clairement que deux courants inverses se sont produits à travers la vessie, l'un de dehors en dedans, courant d'eau sucrée vers l'eau pure, c'est le courant d'*endosmose*; l'autre de dedans en dehors, de l'eau pure vers l'eau sucrée, c'est le courant d'*exosmose*. Dès que l'équilibre est rétabli, c'est-à-dire dès que l'eau de la vessie est aussi sucrée que l'eau du flacon, les courants cessent.

Pareil phénomène se passe dans le sol. Le liquide qui entoure la paroi du poil radiculaire est riche en éléments nutritifs dissous. Du côté de l'intérieur du poil, ces éléments font défaut. A travers l'épiderme des radicelles, un double courant d'osmose s'établit donc, l'un de dehors en dedans contenant les matières nutritives dissoutes, l'autre se dirigeant vers l'extérieur et contenant les matières exsudées du végétal, en particulier un acide capable de dissoudre l'élément insoluble. Comme les substances absorbées montent dans la tige avec la sève, on conçoit que le double courant ne s'arrête jamais, puisque l'équilibre ne peut être obtenu. La plante continue donc indéfiniment à absorber les éléments dont elle a besoin pour se nourrir et à rejeter ceux qui lui sont inutiles ou nuisibles.

207. On vient de voir que le liquide qui entoure les poils contient en dissolution les éléments nutritifs. Ce liquide comprend d'abord les éléments qui ont pu être dissous par l'eau, par exemple les nitrates, la potasse. Il contient aussi des éléments qui ont pu être dissous par l'eau chargée d'acide carbonique ou par l'eau chargée d'acide humique. L'eau contenant en dissolution de l'acide carbonique peut dissoudre certains sels : elle transforme, par exemple, les carbonates insolubles en bicarbonates solubles. L'acide humique facilite aussi la dissolution de certains éléments insolubles en se combinant avec eux; par exemple, en se combinant à la chaux, l'acide humique forme un humate de chaux soluble. Enfin la racine laisse elle-même exsuder un liquide acide capable

de dissoudre les carbonates et les phosphates. Pour le prouver, on recouvre un haricot d'une petite motte de sable humide et on le fait germer sur une plaque de marbre dans une chambre chauffée à 15°. Quand elles sont suffisamment développées, les racines du haricot rampent à la surface de la plaque et y creusent une petite rigole. C'est donc que l'acide rejeté par elles a dissous du carbonate de chaux. On peut encore montrer ce fait autrement. Après avoir arraché avec précaution une tige de graminée, de manière à ne pas déchirer les poils des racines, on lave celles-ci et on les broie entre deux feuilles de papier bleu de tournesol. Le papier bleu rougit. Les racines contiennent donc un liquide acide.

208. Autres fonctions des racines. — Cette fonction d'absorption n'est pas la seule fonction des racines. Celles-ci jouent encore un rôle mécanique : elles fixent la plante au sol. De plus, comme les feuilles, la racine rejette de l'acide carbonique et absorbe de l'oxygène. Elle doit donc trouver aussi, en contact avec elle, pour ainsi dire, l'air atmosphérique. Sinon, elle est condamnée à périr par asphyxie, entraînant la mort de la plante; nouvelle raison en faveur de la nécessité des labours et autres façons culturales qui, remuant la terre, facilitent la libre circulation et le renouvellement de l'air dans le sol arable.

209. Pouvoir électif des racines. — Les substances minérales renfermées dans le sol sont absorbées de préférence par les racines. Certaines absorbent relativement beaucoup de potasse, d'autres préfèrent les phosphates. Voici comment on met en évidence ce pouvoir électif des racines, pour le chanvre par exemple (fig. 57).

On choisit cinq pots à fleurs qu'on remplit d'un mélange aussi homogène que possible de terre stérile et d'engrais. On verse sur le pot n° 2 une dissolution contenant : nitrate de soude, 2 grammes; superphosphate, 9 grammes;

chlorure de potassium, 1 gramme; cette dissolution forme un engrais complet. Sur la terre contenue dans le pot n° 1, on verse trois fois cette dose : c'est l'engrais intensif. Le pot n° 3 ne contient pas d'azote le n° 4, pas de phosphate; le n° 5, pas de potasse. On sème alors 8 à 10 grains de chènevis par pot et on réduit à 5 ou à 6 le nombre des pieds après la germination; enfin on arrose un peu de temps en temps, de façon à ne pas faire écouler le nitrate avec l'eau. On voit

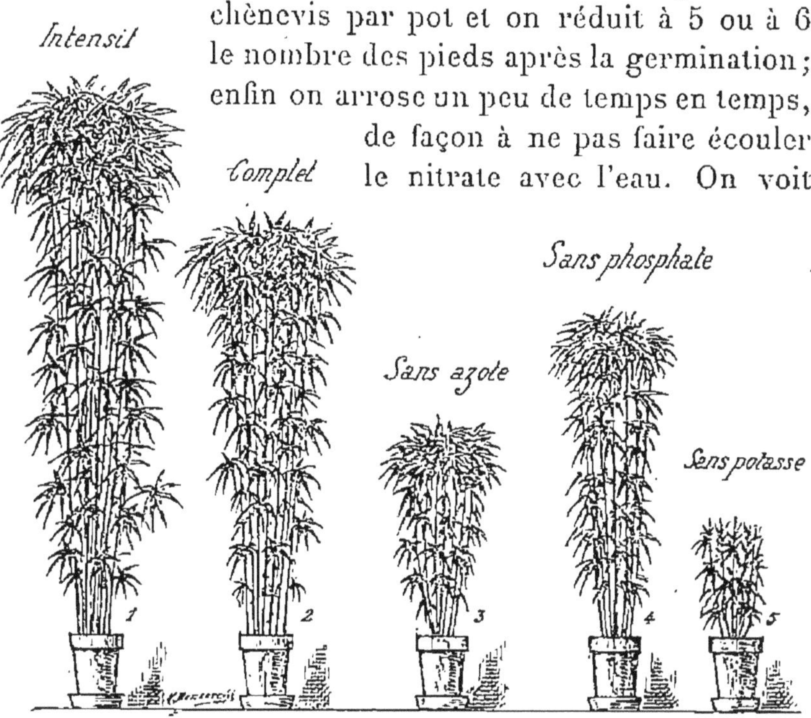

Fig. 57.

sur la figure les résultats obtenus avec le chanvre (d'après M. G. Ville).

Les pots n° 3 et 5 ne contiennent respectivement ni azote ni potasse; on voit combien le chanvre y a mal poussé. Les racines de chanvre absorbent donc deux éléments de préférence, la potasse et l'azote.

210. On démontrerait de même que les graminées absorbent relativement plus d'acide phosphorique et d'azote que de chaux et de potasse. Il résulte de là que, sur une récolte de chanvre, il ne faudra pas craindre

d'appliquer en couverture du nitrate de soude et du chlorure de potassium, ou mieux encore, du nitrate de potasse, si l'on pouvait se procurer ce sel à bon marché. De même les phosphates réussissent bien avec les céréales.

211. L'expérience précédente prouve encore que, si un principe fertilisant fait défaut, la plante est forcément languissante et la récolte est mauvaise (n°s 3 et 5). Les racines doivent donc puiser dans le sol un aliment complet (n° 2); il n'y a pas d'inconvénient à augmenter la dose de chaque élément de l'engrais; si celui-ci est intensif, la plante ne s'en porte que mieux (n° 1). Mais, si un seul élément fait défaut, quand bien même les autres se trouveraient en excès, la récolte est manquée.

212. Il y a pourtant un cas où l'engrais incomplet peut produire d'excellents effets : c'est celui où la terre renferme en abondance l'élément qui manque à l'engrais. Il est inutile d'ajouter du phosphate à une terre riche en phosphate : cela est évident. Dans ce cas, le cultivateur s'impose une dépense improductive.

213. Mais ici le cultivateur peut se tromper. Comment saura-t-il si la terre qu'il cultive est riche en phosphates? Supposons qu'il vienne à semer du blé dans une terre contenant une grande quantité d'acide phosphorique, mais pauvre en azote : le blé viendra difficilement. Le cultivateur se dira peut-être alors : « Ce blé ne venant pas, ma terre manque de phosphates, » et il en ajoutera à une terre qui en contiendra en abondance; ce qui ne rendra pas la récolte meilleure. Comment donc connaître l'élément qui fait défaut au sol, ou l'élément qu'il contient en quantité suffisante?

Faudra-t-il faire l'analyse chimique de la terre? L'analyse chimique coûte cher; elle indique bien l'élément qui fait défaut au sol, mais elle est impuissante à indiquer la quantité *actuellement disponible* de l'élément fertilisant qui y est contenu. Or, c'est précisément ce que le cultivateur a intérêt à savoir.

Il n'y a qu'un seul moyen, et celui-là peu coûteux, de se renseigner sur le degré de fertilité d'une terre : c'est d'expérimenter soi-même, c'est d'interroger les plantes. Le blé vient-il mal dans une terre : on répétera sur cette terre l'expérience indiquée précédemment. On détachera quatre ares de terrain, et on fera quatre parcelles d'un are. Sur l'une, on ajoutera l'engrais complet; sur l'autre, l'engrais complet moins l'azote; sur la 3e, l'engrais complet moins l'acide phosphorique. La 4e n'aura pas d'engrais. Si la terre est riche en phosphate, la parcelle n° 3 indiquera que l'azote fait défaut : car, si l'on ajoute l'azote et en l'absence de l'acide phosphorique, le blé vient très bien. On ne saurait donc trop répéter aux cultivateurs : « Comme le savant, vous devez savoir interroger la nature; faites donc vous-mêmes vos champs de démonstration; et soyez persuadés que, si vos terres produisent peu, la faute en retombe presque tout entière sur vous, car vous ne savez pas interpréter les mauvais rendements. »

214. Fonctions de la tige. — La tige respire, comme les feuilles, mais son rôle principal est un rôle de transmission. Elle transporte dans les feuilles, par l'intermédiaire de ses fibres ligneuses, le liquide absorbé par les racines : c'est le courant de sève ascendante. Elle ramène ensuite jusque dans celles-ci, par les fibres libériennes, la sève élaborée dans les feuilles : c'est le courant de sève descendante. C'est ce dernier courant qui fournit au végétal les matériaux dont il a besoin pour sa croissance.

En arrivant à l'extrémité des racines la sève ne contient plus guère que les principes inutiles au végétal ou ceux qu'elle a dissous sur son passage et que la plante doit rejeter. L'ascension de la sève est surtout due à la capillarité et à la transpiration dans les feuilles[1].

Tel est, rapidement esquissé, le mode de croissance des végétaux. Voyons maintenant comment ils se reproduisent.

---

1. Voir dans la *Bibliothèque des Écoles primaires supérieures* le cours d'Histoire naturelle (Botanique) par M. Bouvier.

CHAPITRE XXIII

Reproduction des Végétaux.

215. Les végétaux se reproduisent : 1° par leurs graines, c'est le cas général ; 2° par leurs racines : dahlia ; 3° par leurs tiges : marcottage, bouturage, greffe, tubercule de la pomme de terre. Le terme de *semences* peut s'appliquer dans son acception la plus large aux graines, tubercules, bulbes, etc. Toute portion de végétal pouvant donner naissance à un végétal identique à celui d'où elle provient peut être appelé *semence*. — Nous avons en vue ici la reproduction des végétaux par les graines[1].

216. Importance des bonnes semences. — Il ne suffit pas d'ameublir la terre et de la rendre fertile par l'engrais ; il faut encore, pour obtenir de riches récoltes, y enfouir de bonnes semences. Une récolte de blé, par exemple, sera d'autant plus abondante en paille et en grain que la semence introduite dans la terre aura été de meilleure qualité. Toutes les expériences agricoles ont démontré ce fait, désormais indiscutable et facile à vérifier. Le cultivateur ne saurait donc prendre de trop grandes précautions dans le choix de ses semences. Il peut du reste les améliorer lui-même.

217. Méthodes d'amélioration. — Ces méthodes sont au nombre de deux : l'hybridation et la sélection.

L'*hybridation* consiste à féconder une fleur en prenant du pollen sur l'organe mâle d'une variété et en l'appor-

---

1. Voir ci-après p. 246 et suiv. la reproduction par marcottage, bouturage et greffe.

tant sur l'organe femelle d'une autre variété. Cette opération, employée surtout par les horticulteurs, est très minutieuse et n'est pas à la portée des agriculteurs.

La *sélection* consiste à faire un choix parmi les meilleures graines. On obtient ainsi de bonnes semences, c'est-à-dire des grains et graines ayant une grande puissance productive, une maturité plus hâtive *(précocité)* et une résistance plus grande aux intempéries de l'air *(rusticité)*.

218. Maintenant, à quoi reconnaît-on les meilleures graines ? Ce sont généralement celles qui sont les plus lourdes. De nombreuses expériences ont constaté un rapport invariable entre le poids d'une graine et sa puissance productive. Une graine lourde fournit une plante plus précoce et plus rustique. Or les graines lourdes, pour une variété donnée, sont généralement les plus grosses. On les obtiendra donc facilement au moyen d'un criblage mécanique. Lorsqu'elles seront obtenues, on les sèmera dans une parcelle de terre spéciale, propre, homogène dans toutes ses parties, moyennement riche en azote et assez riche en phosphate, s'il s'agit de céréales. Le semis sera fait à la main, chaque grain étant espacé de 0^m10. On recueillera après la maturité complète, et on séparera de nouveau les grains lourds des autres, en les jetant dans un bain de mélasse de plus en plus dense : les plus lourds iront au fond ; les plus légers surnageront. La densité maximum du bain de mélasse a lieu lorsque tous les grains surnagent. On peut aussi utiliser la dissolution du sel marin, plus dense que l'eau.

Ces nouvelles graines, l'année suivante, donnent des épis variant par la hauteur, le nombre des grains, etc. On choisira les épis les plus élevés au-dessus du sol et ceux qui ont le plus grand nombre de grains ; dans chaque épi on prendra les plus beaux grains. On les trouvera pour le blé, par exemple, vers le milieu de l'épi. On obtiendra ainsi des *semences améliorées.*

Ici encore il y a place pour l'*expérimentation*. Place-t-on le champ d'expériences dans un endroit froid, humide, découvert : on finira par obtenir des semences d'une rusticité remarquable. Le place-t-on dans un sol pauvre en azote : on obtiendra des grains qui auront un grand pouvoir d'assimilation pour l'azote, etc.

219. Achat des semences. — Quand il achète des semences, le cultivateur doit s'inquiéter : 1° de leur origine, 2° de leur pureté, 3° de leur faculté germinative.

Une espèce venant du Midi périt généralement dans le Nord ou donne de mauvais résultats. Le trèfle et la luzerne d'Amérique sont particulièrement à rejeter. Les semences ne sont pas toujours pures ; elles peuvent contenir des matières inertes : balle, terre, graines mutilées, etc., ou des matières vivantes, représentées par des graines d'une autre variété, ou des parasites végétaux : ergot, carie, cuscute, mélampyre. Une bonne semence de blé doit contenir au moins 98 % de grains de blé ; une semence d'avoine au moins 97 % ; de betterave 97 %, etc.

La faculté germinative des semences est la quantité pour cent de semences aptes à germer. Le cultivateur peut la déterminer lui-même en faisant germer les semences achetées entre deux feuilles de papier à filtrer, ou plus simplement de flanelle. Pour les céréales, 95 % de graines doivent germer ; pour les fétuques, brômes, vulpins, ray-grass, etc., la proportion varie de 40 à 65 %.

Du trèfle germant à 50 % a fourni une récolte six fois moins abondante que du trèfle dont 60 % des graines avaient germé.

L'importance de la faculté germinative des graines est donc démontrée par ce fait. Enfin pour obtenir des semences pures, le cultivateur fera bien de s'adresser au syndicat des agriculteurs du département où il réside. S'il s'adresse à un commerçant, il devra exiger la garantie sur facture de la semence fournie.

CHAPITRE XXIV

Influence des agents naturels de la végétation sur le développement des plantes. — Climats.

220. Les agents naturels de la végétation sont : 1° le sol ; 2° les agents atmosphériques.

LE SOL

221. Nous avons étudié précédemment la composition du sol. Nous avons vu qu'il renfermait quatre éléments : argile, sable, calcaire, matières organiques, ces quatre éléments étant si intimement associés qu'une parcelle infiniment ténue de terre arable les renferme tous quatre.

Il reste maintenant à étudier une propriété du sol exerçant une grande influence sur la végétation ; nous voulons parler de son pouvoir absorbant.

222. **Pouvoir absorbant du sol.** — 1° *La terre arable fixe la potasse, l'acide phosphorique et l'ammoniaque.* Pour le démontrer, on remplit un filtre (fig. 58) avec de la terre arable légèrement tassée, et on verse du purin sur cette terre. Le liquide passe incolore et limpide par le trou inférieur et, si on l'analyse, on constate

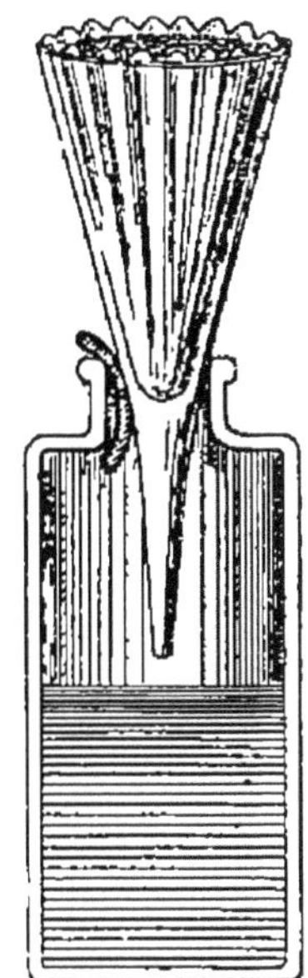

Fig. 58.

qu'il ne contient plus ou presque plus de potasse, d'ammoniaque et d'acide phosphorique. Le sol est donc un excellent filtre et c'est pourquoi l'eau de source est si pure.

2° *Les matières précédentes sont fixées à l'état insoluble.* En effet, filtrons à nouveau cinq ou six litres d'eau pure sur la terre contenue dans le filtre et qui a absorbé les principes indiqués. On pourra constater que cette eau, versée pure, passe pure aussi; donc elle n'enlève à la terre aucun élément fertilisant; ces éléments une fois absorbés ne sont plus solubles dans l'eau.

On démontre le fait de la manière suivante : on prend trois pots à fleurs

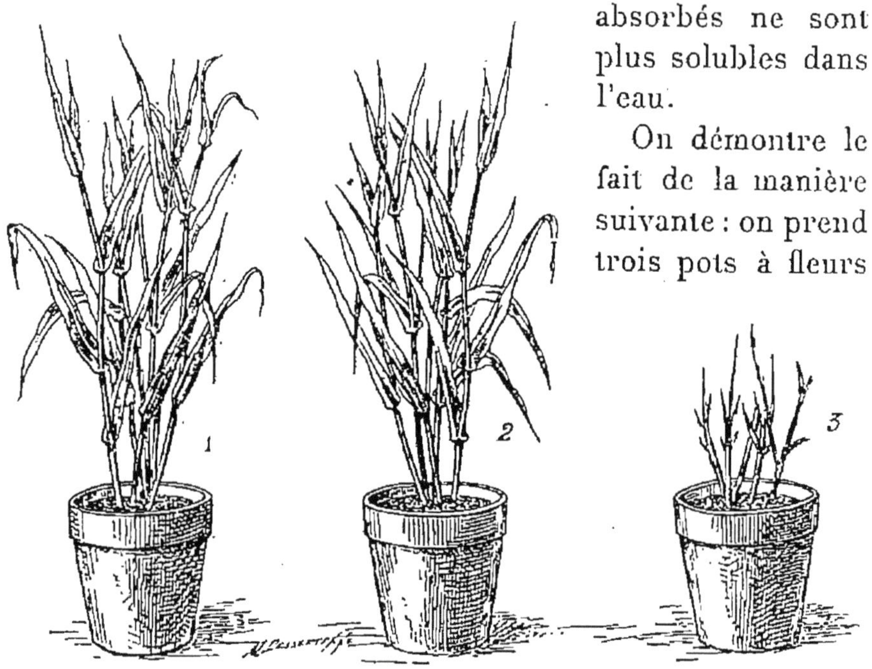

Fig. 59.

(fig. 59), on les remplit de terre presque stérile, de sable par exemple. Sur le premier et sur le deuxième (n°s 1 et 2), on filtre du purin : sur le troisième, on fait passer de l'eau claire; on arrose ensuite le n° 2 avec quelques litres d'eau; cette eau n'enlève aucun élément fertilisant : car, si l'on sème sept ou huit grains d'orge ou d'avoine dans chaque pot, la végétation dans les pots 1 et 2 est la même, mais l'orge du pot n° 3 sera jaune et petite et ne tardera pas à périr. Il résulte de ce qui vient d'être dit que les eaux de pluie n'enlèvent au sol ni l'azote ammoniacal, ni la potasse, ni l'acide phosphorique.

3° *Le sol ne retient pas la chaux dans les sols calcaires ni l'acide nitrique dans tous les sols.* Il suffirait de recommencer l'expérience précédente, en versant du nitrate de soude en dissolution sur une terre stérile. Le nitrate n'est pas absorbé : l'eau qui s'écoule en contient toujours à peu près la même proportion. De même l'eau de chaux qui passe à travers une terre calcaire passe comme sur un filtre ordinaire.

223. *Conséquences.* — Puisque l'azote, l'acide phosphorique, l'ammoniaque sont fixés à l'état insoluble, l'eau de pluie ne peut les enlever au sol. On doit donc incorporer ces engrais à la terre, à l'époque des labours qui précèdent les semailles, afin de les mélanger intimement au sol. De cette façon, les radicelles des plantes toucheront l'engrais et se l'assimileront.

Il ne faudrait cependant pas répandre les engrais ammoniacaux trop longtemps avant les labours. En effet, leur ammoniaque subirait la nitrification. Il se formerait de l'acide nitrique qui pourrait être entraîné dans le sous-sol. C'est donc au moment des semailles qu'il faut les répandre.

Quant aux nitrates, il faut toujours les semer *en couverture,* c'est-à-dire quand la plante est sortie de terre. Si on les appliquait en automne, ils seraient entraînés par l'eau des pluies dans le sous-sol et ne produiraient aucun effet utile.

224. L'ignorance de ces règles a conduit les cultivateurs à n'obtenir que de maigres résultats par l'emploi des engrais chimiques. Cette raison, jointe à celle tirée des fraudes commises par les vendeurs, a fait rejeter ces engrais de parti pris. Tout cela prouve une fois de plus que sans des connaissances en chimie et en histoire naturelle on ne peut faire d'agriculture intelligente.

AGENTS ATMOSPHÉRIQUES

225. Ces agents sont : la chaleur, l'humidité, les vents, la lumière et l'électricité.

226. **Chaleur.** — La température d'un lieu déterminé dépend :

1° *De la latitude.* — On sait que la chaleur absorbée par le sol décroît de l'équateur au pôle. En France, l'abaissement de la température produit par la latitude est d'environ 1 degré centigrade pour 180 kilomètres.

2° *De l'altitude.* — Plus on s'élève au-dessus de la surface du sol, plus la température décroît.

3° *De la proximité des mers.* — D'une manière générale la mer s'échauffe moins que la terre pendant l'été; elle se refroidit moins que la terre pendant l'hiver. On peut donc dire que le voisinage des mers tend à rendre uniforme la température, tandis que les continents tendent à accentuer les différences entre la saison froide et la saison chaude. C'est ainsi que dans les îles équatoriales la différence de température entre le mois le plus froid et le mois le plus chaud est à peine de 1° 4, tandis qu'à Irkoutsk, en Sibérie, elle dépasse 33°.

4° *De la direction des vents.*

227. Pour les plantes, il y a une température minimum, au-dessous de laquelle la végétation s'arrête; la plante s'endort : c'est le sommeil *hivernal.* — Il y a aussi une température maximum au-dessus de laquelle la végétation s'arrête aussi : la plante vit alors à l'état latent; c'est le sommeil *estival.* Entre les deux températures maximum et minimum, il y a pour la plante une température moyenne particulièrement favorable, qui active vivement la végétation. Cette température varie avec chaque plante : elle est de 28° 7 pour le blé; de 33° 7 pour le maïs. En outre chaque plante doit recevoir par année une certaine quantité de chaleur pour atteindre son développement

complet et donner des graines; le froment doit recevoir 2100° et le maïs 3000°. Pour trouver ces nombres, on fait la somme des degrés de température depuis le jour où le froment et le maïs sont sortis de terre jusqu'au jour où ils sont mûrs.

Dans les pays où la température moyenne de l'été est 25°, le froment mûrit en $\frac{2100°}{25}$, c'est-à-dire en 84 jours environ. Dans le pays où cette température moyenne est 20°, le froment mûrit en $\frac{2100°}{20}$, c'est-à-dire en 105 jours. Voilà pourquoi le blé mûrit plus vite en Egypte qu'en France.

Pour savoir si la culture d'une plante convient en un lieu donné, il suffit de connaître la température la plus basse en ce lieu. Si par exemple le thermomètre à l'endroit considéré descend à — 15°, la culture de l'olivier est impossible, parce que, à cette température, l'olivier périt par le froid.

L'excès de chaleur est moins à craindre. — Dans nos pays, la floraison a lieu de 20° à 25° et la maturité de 25° à 30°. Rarement les plantes ont à souffrir des coups de chaleur.

228. Gelée, dégel. — Dans nos pays, les gelées d'hiver ne sont généralement pas dangereuses pour nos espèces cultivées, parce que pendant cette saison la plante reste comme endormie. En outre la terre est de temps en temps recouverte de neige, et enfin nos hivers ne sont pas non plus très rigoureux. Les gelées du printemps sont autrement à craindre, surtout pour les arbres fruitiers, qui fleurissent aux mois d'avril et de mai. La circulation de la sève qui recommence au printemps peut se trouver arrêtée par ces gelées.

Le dégel produit des effets plus désastreux. Comme les animaux, les plantes sont sensibles aux variations brusques de température. Au printemps, après la gelée, les rayons du soleil font souvent souffrir les feuilles des arbres, voire même les branches. Un dégel brusque nuit surtout aux céréales, parce qu'il produit une dilatation de la surface du sol et soulève la tige du blé, tandis que la racine reste enfouie dans le sol. La plante, soulevée par sa tige, maintenue fixe par sa racine, se brise le plus fréquemment ou se trouve arrachée du sol, ce qui détruit les poils absorbants : il y a *déchaussement*.

On prévient les dangereux effets de la gelée et du dégel par les nuages artificiels. On sait que la vigne surtout craint les gelées du printemps. Or, ces gelées sont d'autant plus intenses que le rayonnement terrestre est plus grand; ce rayonnement est surtout considérable lorsque le ciel est calme et serein et que les étoiles brillent. On fait donc brûler au-dessus des vignobles des matières produisant une fumée noire et épaisse, du goudron par exemple. Cette fumée forme des nuages artificiels qui empêchent le rayonnement. Une partie de la récolte peut être ainsi sauvegardée. Lorsqu'il vente, il est impossible de former des nuages, mais la vigne en ce cas craint moins la gelée.

229. Humidité. — L'humidité exerce une influence considérable sur la végétation. Plus l'air est humide, plus l'évaporation, qui a lieu à la surface des feuilles, s'effectue difficilement; au contraire, dans l'air sec, cette évaporation est très active. Or la plante périt, si l'évaporation est trop considérable, ou si elle ne l'est pas assez, par exemple, si le végétal est impuissant à rejeter l'eau lorsqu'il en contient déjà trop.

En second lieu, l'humidité de l'air se résout en pluie; or la pluie est nécessaire pour faciliter l'absorption par les racines. Sans eau, pas d'absorption possible et pas de dissolution des sels nécessaires à la plante. — En outre, c'est dans l'eau que celle-ci trouve une partie de l'oxygène et de l'hydrogène dont elle a besoin; enfin, l'eau dissout l'acide carbonique, la vapeur ammoniacale ou nitrique contenus dans l'atmosphère; elle enrichit par là le sol en éléments fertilisants. Ainsi on a calculé que, dans le Midi, la pluie apporte de 2 à 3 kilos d'acide nitrique par hectare et par an.

Ajoutons que l'eau enlève la poussière, les dépôts qui se trouvent à la surface des feuilles et qui les empêchent de remplir leurs fonctions.

Toutefois, l'eau de pluie exerce une action d'autant plus efficace sur la végétation, qu'elle est plus pure et moins abondante. Les pluies torrentielles ravinent la terre, en séparent les éléments et entraînent avec elles les engrais et surtout les nitrates. L'eau agit encore sur la végétation à l'état de rosée ou de neige.

Comme les brouillards ou l'eau de pluie, la rosée apporte à la plante de l'ammoniaque et de l'acide nitrique.

La neige préserve de la gelée les plantes, surtout les céréales. L'eau qui provient de la fonte des neiges contient des éléments fertilisants ; enfin, la neige dissout les vapeurs ammoniacales qui se dégagent du sol, et rend au moment de la fusion cette ammoniaque au sol.

230. **Vents.** — L'influence des vents sur la végétation est multiple. D'abord les vents contribuent à accroître ou à diminuer l'humidité et les chaleurs. En France, les vents d'est, ayant traversé le continent, sont presque toujours secs ; les vents du sud-ouest, qui traversent l'Océan, sont humides. — Les vents qui proviennent de l'Océan ont pour effet pendant l'hiver de réchauffer l'atmosphère, puisque la terre se refroidit plus vite que l'Océan. Les vents du nord sont froids, et l'hiver ils amènent la neige. Un vent, froid l'hiver, peut devenir chaud l'été : tel est, pour la France, le cas du vent d'est ; cela tient à ce qu'il traverse le continent européen, qui s'échauffe beaucoup pendant l'été et se refroidit pendant l'hiver.

Les vents activent l'évaporation qui se produit à la surface des feuilles, en renouvelant les couches d'air qui se trouvent en contact avec ces feuilles. Un vent intense a une influence desséchante.

Les vents transportent les grains de pollen d'une fleur à l'autre et facilitent ainsi la reproduction des végétaux.

Les vents peuvent exercer sur les plantes une action mécanique, parfois néfaste : quand ils soufflent trop violemment, ils couchent les récoltes et déracinent même les arbres.

231. Lumière. — La lumière est nécessaire à la formation des grains de chlorophylle, qui communiquent leur couleur verte aux plantes. Sans la lumière, la plante ne pourrait s'assimiler le carbone. A l'abri de la lumière, elle jaunit, se fane et devient plus tendre : c'est ainsi que les jardiniers lient la salade pour en faire jaunir le milieu.

Plus la lumière est abondante, plus la végétation est rapide. La plante se tourne toujours du côté de la lumière, de manière à placer ses feuilles perpendiculairement à la direction des rayons lumineux.

232. Électricité. — Nous rappelons d'abord que certains savants croient que sous l'action de l'électricité la plante absorbe directement l'azote de l'atmosphère.

L'électricité agit indirectement sur la végétation en transformant l'azote ammoniacal en azote nitrique, lequel se combine avec une base, potasse ou chaux, et augmente la fertilité du sol.

L'électricité agit encore par les orages, dont les effets mécaniques destructeurs sont si puissants. Si l'orage est accompagné de grêle, la récolte d'une année peut être perdue en quelques minutes.

On ne saurait trop recommander aux cultivateurs de se garantir des effets ruineux des orages et de la grêle en s'assurant aux compagnies d'assurances agricoles.

233. Climats agricoles de la France. — La France a été partagée en sept climats agricoles principaux. Dans chaque région climatérique, les influences météorologiques ainsi que les produits du sol et les procédés de culture ne varient pas notablement. — Les sept climats sont indiqués dans la carte ci-dessous (fig. 60). Ce sont :

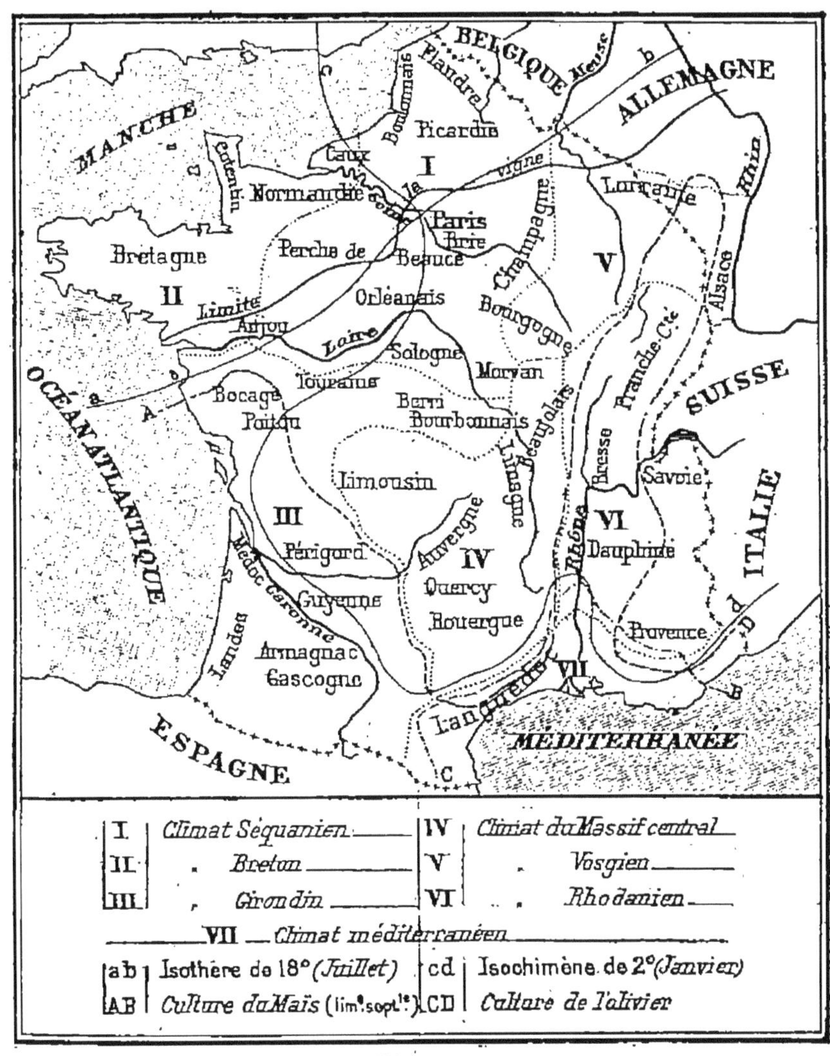

Fig. 60.

I. — Le climat *séquanien* ou du bassin de Paris et du nord-est de la France. Pluies peu abondantes, mais fréquentes (550ᵐᵐ par an.) Température moyenne : 10°. Cultures : prairies, céréales, colza, arbres fruitiers.

II. — Le climat *breton* ou *armoricain*. C'est un climat maritime. Pluies abondantes et fréquentes (850^{mm}). Température moyenne : 12°. Cultures : sarrasin, orge, prairies, vignes sur les bords de la Loire.

III. — Le climat *girondin* et *languedocien*. Climat chaud et humide. Température moyenne : 13°. Cultures : vignes et céréales.

IV. — Le climat du *Massif Central*. Climat continental, hiver froid et long, été court et chaud. Température moyenne : 9°. Cultures : forêts, seigle, méteil.

V. — Le climat *vosgien*. C'est encore un climat continental. Température moyenne : 9°. Cultures : forêts, pâturages, avoine, houblon.

VI. — Le climat *rhodanien* ou de la vallée du Rhône. Température moyenne : 11°. Quantité moyenne de pluie : 950^{mm}. Climat irrégulier. Cultures : céréales, vignes, mûrier.

VII. — Climat *méditerranéen*. Climat chaud et inégal. Température moyenne : 15°. Pluies abondantes, mais peu fréquentes : 650^{mm}. Cultures : olivier, mûrier, vignes, palmier, oranger.

234. Limites des cultures. — Le climat influe souverainement sur les plantes. Celles-ci, en effet, ne peuvent vivre que dans des conditions particulières de chaleur et d'humidité, comme nous l'avons vu plus haut. Si ces conditions ne sont pas réalisées, la plante dépérit et meurt. Le cultivateur devra donc s'attacher à cultiver les espèces qui prospèrent facilement dans la région où il se trouve. Les tentatives en vue d'acclimater en pleine terre certaines espèces étrangères devront être entreprises avec prudence, car elles nécessitent souvent de longs efforts et de fortes dépenses.

Les limites de culture sont des lignes idéales qui joignent les points au nord ou au midi desquels la culture d'une plante cesse en général d'être possible.

Les limites de culture des plantes qui résistent aux froids les plus intenses et qui ont besoin d'une certaine quantité de chaleur pour mûrir suivent en général la trace des *isothères* (lignes d'égale température en été). En effet, pour ces plantes ce qui importe, c'est la température estivale moyenne. Tel est le cas de la vigne. La limite septentrionale de la culture de la vigne suit à peu près l'isothère de 18°.

Au contraire, les limites de culture des plantes qui périssent par le froid suivent en général les traces des lignes *isochimènes* (lignes d'égale température en hiver). Ainsi la limite septentrionale de la culture de l'olivier suit à peu près l'isochimène de 18°.

On a tracé également les limites septentrionales de la culture du mûrier et du maïs. On peut remarquer que la limite de culture du maïs contourne le Massif Central; dans cette région, le maïs ne peut recevoir assez de chaleur pour mûrir. L'olivier, le mûrier, la vigne, le maïs, sont les quatre espèces qui, pour la France, offrent le plus d'intérêt.

Il va sans dire que les limites ne sont pas absolues : ainsi le figuier vient bien en Bretagne, tandis qu'il meurt dans la vallée de la Saône.

Les limites de culture tracées d'après l'altitude offrent moins d'importance. Sur les Alpes, le blé cesse d'être cultivable à partir de 1000$^\text{m}$; la pomme de terre, à partir de 2000 mètres.

235. Il n'est pas au pouvoir du cultivateur de modifier le climat à son gré. Mais il peut, par des murs, des palissades, des plantations forestières, empêcher en partie les mauvais effets des vents; par des couches, des châssis ou des serres, remédier en partie à l'insuffisance de la température. Tous ces moyens sont surtout employés dans la culture maraîchère.

CHAPITRE XXV

Animaux domestiques. — Le Cheval.

236. On ne doit admettre comme véritablement domestiques que les animaux qui appartiennent en quelque sorte, ainsi que leur nom l'indique, à la maison de l'homme.

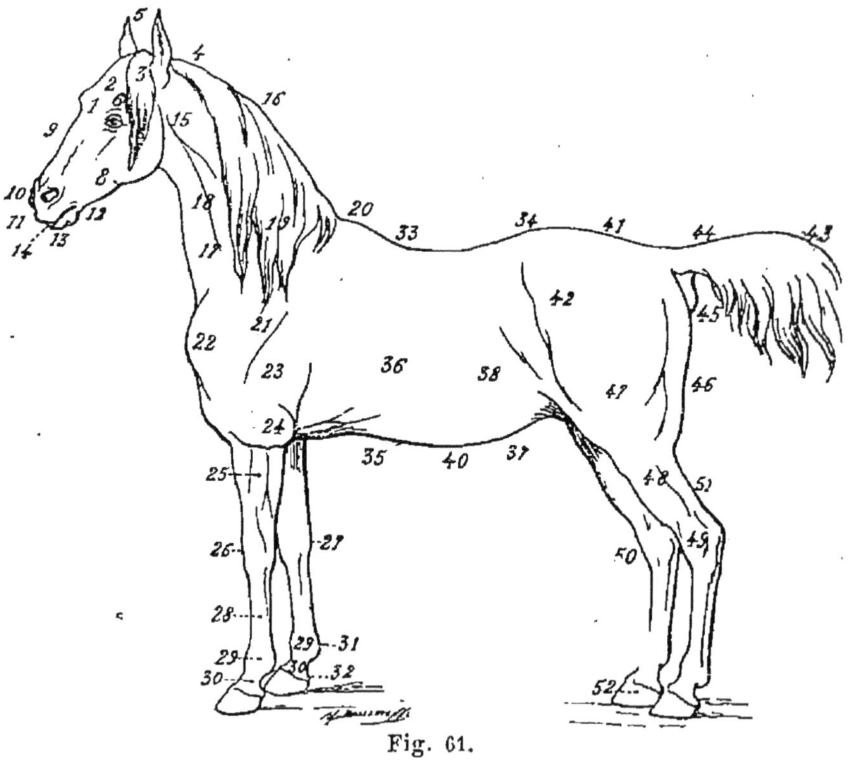

Fig. 61.

Ils connaissent la demeure à laquelle ils sont habitués et ils y reviennent quand ils en sont écartés. Ils reconnaissent celui qui leur donne des soins ou qui commande.

L'état de domesticité est absolument différent de celui d'apprivoisement, qui peut s'appliquer à des animaux non domestiques. Il n'y a de domesticité véritable parmi les animaux que lorsque la soumission à l'homme se transmet de génération en génération, sans qu'il soit nécessaire de renouveler les efforts pour asservir une génération quelconque de l'espèce.

237. Cheval. — Au premier rang des animaux domestiques se place le cheval. Cet animal est employé soit pour porter l'homme, soit pour traîner des fardeaux plus ou moins lourds.

Le cheval mâle porte dans son jeune âge le nom de *poulain;* une jeune femelle se nomme *pouliche.*

238. Nomenclature des parties du corps d'un cheval (fig. 61).

1. Tête.	14. Bouche.	27. Châtaigne.	40. Ombilic.
2. Front.	15. Carotide.	28. Canon.	41. Croupe.
3. Toupet.	16. Encolure.	29. Boulet.	42. Hanche.
4. Nuque.	17. Cou.	30. Pâturon.	43. Queue.
5. Oreilles.	18. Jugulaire.	31. Fanon.	44. Tronçon.
6. Salières.	19. Crinière.	32. Ergot.	45. Anus.
7. Tempes.	20. Garrot.	33. Dos.	46. Fesse.
8. Joues.	21. Épaule.	34. Reins.	47. Cuisse.
9. Chanfrein.	22. Pointe d'épaule.	35. Passe de sangles	48. Jambe.
10. Naseaux.	23. Bras.	36. Côtes.	49. Jarret.
11. Bout du nez.	24. Coude.	37. Ventre.	50. Pli du jarret.
12. Barbe.	25. Avant-bras.	38. Flanc.	51. Tendon.
13. Menton.	26. Genou.	39. Creux du flanc.	52. Sabot.

239. Races. — Nous produisons en France un certain nombre de races de chevaux, dont les plus connues sont : 1° la race bretonne; 2° la race percheronne; 3° la race boulonnaise; 4° la race poitevine; 5° la race normande; 6° la race ardennaise.

240. Race bretonne. — La Bretagne ne conserve qu'une faible partie des chevaux qu'elle produit et livre les autres au commerce. Les éleveurs bretons vendent leurs animaux aussitôt après le sevrage, c'est-à-dire vers l'âge de huit à dix mois.

Les acheteurs viennent un peu de toutes les régions : du Midi, du Poitou, du Berri, du Perche et de la Normandie. On choisit pour le Perche les animaux de robe grise; pour la Normandie, ceux de couleur baie (rouge); les marchands des autres pays achètent indistinctement les animaux de toutes couleurs.

Le cheval breton est très résistant à la fatigue et aux privations. Pendant les guerres du premier Empire, on put apprécier à plusieurs reprises cette éminente qualité de cette race de chevaux.

Quelque travail qu'on lui fasse faire, on ne peut rebuter son énergie ni diminuer sa résistance. On l'emploie beaucoup aux travaux de la culture.

241. Race percheronne. — La race percheronne a une renommée universelle. Les Américains nous ont acheté une grande quantité d'animaux appartenant à cette race pour améliorer leurs races indigènes.

Le cheval percheron possède une puissance musculaire assez considérable; il est apte à traîner de lourds fardeaux en gardant une allure rapide. On utilise les chevaux percherons pour la culture, mais ils conviennent surtout aux services demandant la rapidité en même temps que la force. La Compagnie des Omnibus, à Paris, a plus de la moitié de sa cavalerie composée de chevaux percherons.

La couleur la plus répandue est la couleur grise (gris fer ou gris pommelé). On recherche de préférence les animaux de couleur foncée.

242. Race boulonnaise. — Le cheval boulonnais est l'animal de gros trait par excellence. Il est trapu, épais, possède une véritable constitution d'athlète. C'était autrefois parmi les chevaux boulonnais que les seigneurs choisissaient leurs chevaux de bataille.

Quoique moins glorieux aujourd'hui, leurs services n'en sont pas moins utiles. On les emploie pour transporter les matériaux très lourds. La plus grande partie des minotiers et des industriels emploient ces chevaux pour leurs transports. Les gros camionnages de Paris sont pour la plupart exécutés par les chevaux boulonnais.

243. Race poitevine. — Le type du cheval poitevin se rencontre assez difficilement aujourd'hui, car les croisements ont en grande partie modifié les caractères de cette race.

Jacques Bugeault a décrit la jument poitevine dans les termes suivants : « Figurez-vous une barrique montée sur quatre poteaux et vous aurez « la jument poitevine ».

Les animaux de race poitevine portaient autrefois le nom de *chevaux mulassiers*. On croyait à une aptitude spéciale de leur part pour la production des mules et mulets. Il est aujourd'hui bien démontré que cette race n'est pas foncièrement mulassière.

Le cheval poitevin sert surtout aux travaux de la culture.

244. Race normande. — La véritable race normande n'existe pour ainsi dire plus à l'heure actuelle : elle est remplacée par le croisement anglo-normand, qu'elle a servi à former. Les anciens chevaux normands étaient employés à la culture ; les plus beaux d'entre eux étaient choisis pour les attelages de luxe.

245. Race ardennaise. — Les chevaux ardennais sont sobres, solides et résistants ; ils peuvent traîner de lourdes charges en gardant une allure rapide. On les recherchait beaucoup au siècle dernier pour les usages de la guerre. Ces animaux ne sont pas beaux, mais ils sont d'un très bon service.

L'artillerie en emploie beaucoup et sait les apprécier à cause de leur grande résistance.

246. Chevaux de demi-sang. — On donne le nom de chevaux de demi-sang aux produits issus des croisements de chevaux *pur sang* anglais ou arabes avec nos animaux de races communes.

Les chevaux demi-sang les plus répandus sont les anglo-normands; les anglo-bretons et anglo-vendéens viennent ensuite.

247. On peut encore diviser les chevaux en plusieurs catégories, d'après la nature des services qu'ils nous rendent. A ce point de vue on distinguera : 1° le *cheval de trait;* 2° le *cheval de luxe ou de carrosse;* 3° le *cheval de selle.*

Cheval de trait. — Le cheval de trait peut être *cheval de gros trait* ou cheval *de trait léger.*

Il est dit *de gros trait* lorsqu'il traîne de lourdes charges à l'allure lente ; on le dénomme *cheval de trait léger* quand il traîne des charges un peu moins lourdes que le cheval de gros trait et à allures rapides.

Cheval de carrosse. — Le carrossier possède une taille élevée, des membres fins, mais musculeux ; il est élégant de forme et souple dans ses allures. On distingue le grand et le petit carrossier.

Cheval de selle. — Le cheval de selle doit être élégant dans ses formes, souple et rapide dans ses allures. Ce sont assez souvent des chevaux de luxe. Les chevaux d'armée entrent dans la catégorie des chevaux de selle; on doit moins rechercher pour eux la beauté dans les formes que la sobriété et la rusticité, qui leur sont si utiles en temps de guerre.

248. **Choix des chevaux.** — Le choix d'un cheval, à quelque catégorie qu'il appartienne, est toujours chose assez difficile. Voici en quelques mots les qualités que l'on devra rechercher, si l'on est appelé à acheter un cheval :

Pour un cheval de gros trait, on devra rechercher un animal aux muscles puissants et bien proportionnés, à l'encolure courte et à la croupe bien musclée. Si l'on ne recherche pas la vivacité chez le cheval de gros trait, il ne s'ensuit pas pour cela qu'on doive rechercher ceux dont l'allure est la plus lente; bien au contraire. On prendra toujours de préférence ceux dont la démarche est la plus prompte et dont le pas sera le plus allongé.

Le cheval de trait léger devra posséder des membres forts et des muscles épais; son poids ne dépassera pas 500 kilogrammes. On devra lui demander une certaine force et de la rapidité dans ses allures.

On recherchera surtout l'élégance pour le grand et le petit carrossier, ainsi que pour le cheval de selle autre que le cheval de guerre.

Une bonne santé est une condition sans laquelle on ne peut attendre d'un cheval aucun service durable. On reconnaît qu'elle existe aux caractères suivants : les animaux bien portants ont l'air gai; ils s'intéressent à ce qui se passe autour d'eux, sont attentifs au geste et à la voix.

Après la santé, on doit rechercher chez l'animal une bonne proportion dans toutes les parties qui composent son corps. La tête sera fine, l'encolure longue, toute la ligne de dessus aussi droite et aussi courte que possible; les membres seront musculeux et devront supporter le corps sans la moindre gêne.

Les extrémités sont souffrantes quand les animaux se portent tantôt sur un pied, tantôt sur un autre, et qu'ils changent souvent. Si un cheval ne souffre que d'un membre, il l'appuie très rarement, le tient un peu fléchi et plus avancé que dans l'état normal.

Dans l'exercice, les animaux doivent soulever les membres avec hardiesse et les poser sans hésiter. Si un cheval relève plus lentement une extrémité, s'il a l'air de tâtonner pour la poser sur le sol, il y a souffrance. Les pieds doivent être assez soulevés dans la progression pour ne pas raser le tapis; mais les chevaux ne doivent pas les lever avec excès, *trousser*, ni les jeter de côté, *faucher*.

La boiterie des membres antérieurs s'annonce principalement par les mouvements de la tête qui, au lieu d'être portée directement en avant, est rejetée à chaque pas sur le membre qui souffre le moins.

Il ne faut pas, dans le choix d'un animal, négliger de le faire tourner et d'examiner, au moment où il tourne, le membre sur lequel il pirouette. Si ce membre souffre, il fléchit sous le poids du corps au moment où il en supporte la plus grande partie. Il faut aussi s'assurer si, lancé à toute bride, le cheval forme un arrêt court et fait volontairement la demi-volte.

Enfin on doit faire reculer les animaux, afin de s'assurer s'ils sont capables de se porter en arrière et aussi pour se rendre compte de leur obéissance et de leur adresse. Les chevaux qui ont les reins malades, les jarrets faibles, reculent difficilement.

249. Renseignements pratiques sur la reconnaissance de l'âge du cheval. — Le cheval mâle possède quarante dents, dont vingt-quatre molaires, douze incisives et quatre crochets.

La femelle n'en possède que trente-six, car chez elle on remarque l'absence des crochets.

On ne s'occupe pas des molaires dans la détermination de l'âge des chevaux, mais on examine seulement les incisives et les crochets.

Les six incisives de chaque mâchoire ont reçu des noms différents : les deux du milieu sont nommées *pinces;* les deux placées à droite et à gauche sont les *mitoyennes;* les deux autres sont les *coins.*

Les crochets sont placés entre les incisives et les molaires ; ceux de la mâchoire inférieure sont placés plus en avant que ceux de la mâchoire supérieure.

Le cheval a deux dentitions : celle de lait ou caduque et celle de remplacement ou d'adulte.

La première dentition peut être divisée en deux périodes : 1° du premier au neuvième mois, évolution des

incisives caduques; 2° du neuvième au trentième mois,
usure des incisives caduques.

La deuxième dentition permet de distinguer quatre

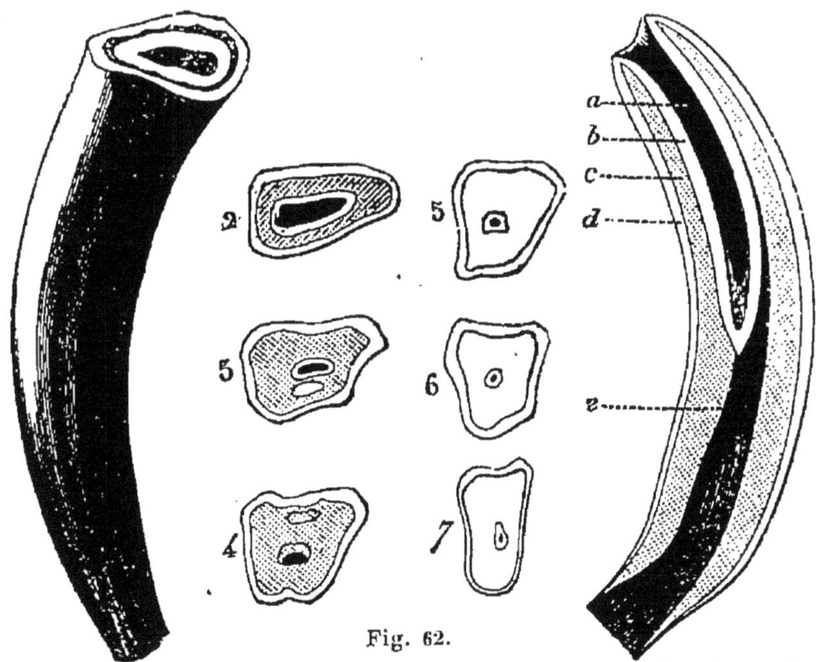

Fig. 62.

Dent incisive entière et coupes transversales
de la même dent.

Coupe longitudinale
d'une dent incisive.

périodes distinctes : 1° de trois à huit ans, évolution des
dents d'adulte; 2° de neuf à treize ans, transformation de
la table dentaire qui s'arron-
dit; 3° de quatorze à seize ans :
les tables dentaires prennent
la forme triangulaire; 4° à
partir de dix-sept ans, les
tables dentaires ont la forme
d'un triangle isocèle avec
la base en avant.

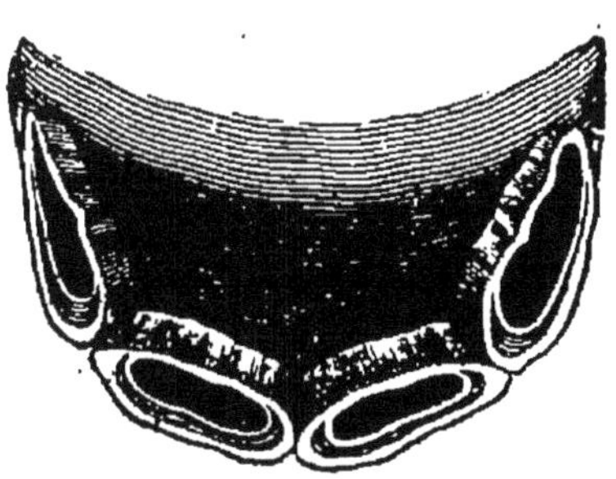

Fig. 63.

Mâchoire de cheval à 4 mois.

PREMIÈRE DENTITION. —
Le cheval naît ordinairement sans dents. Les pinces apparaissent du sixième au dixième jour; les mitoyennes sor-

tent environ six semaines après, puis les coins poussent ensuite du sixième au huitième mois.

Vers l'âge de dix mois les pinces sont *rasées;* les mitoyennes rasent de quinze à dix-huit mois et les coins à deux ans[1].

DEUXIÈME DENTITION. — *Première période :* Vers l'âge

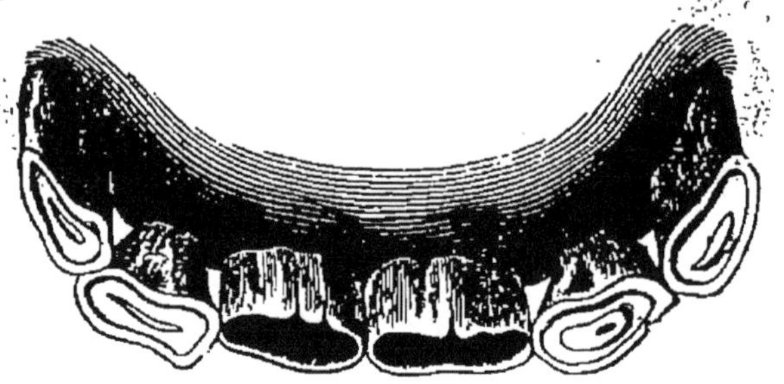

Fig. 64. — Mâchoire à 3 ans.

de deux ans et demi, les pinces caduques tombent et à trois ans celles de remplacement sont poussées. Les crochets du mâle commencent à sortir (fig. 64).

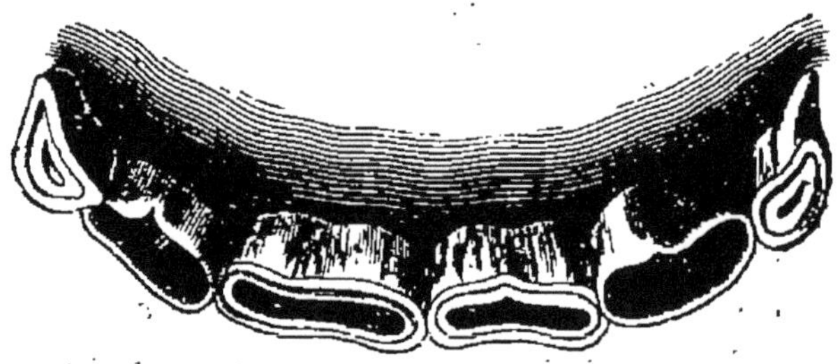

Fig. 65. — Mâchoire à 4 ans.

Les mitoyennes caduques tombent à trois ans et demi et celles d'adulte sont poussées à quatre ans (fig. 65).

Les coins caduques tombent à quatre ans et demi et ceux de remplacement sont de niveau à cinq ans. Les crochets du mâle sont poussés (fig. 66).

1. La dent est dite *rasée,* quand le cornet dentaire a disparu par usure. Le cornet dentaire est la cavité conique placée à la partie supérieure de la dent; il est formé par de l'émail.

A partir de cinq ans, on apprécie l'âge du cheval par le degré d'usure des dents.

Le cornet dentaire a une profondeur d'environ neuf millimètres; l'usure étant de trois millimètres par an envi-

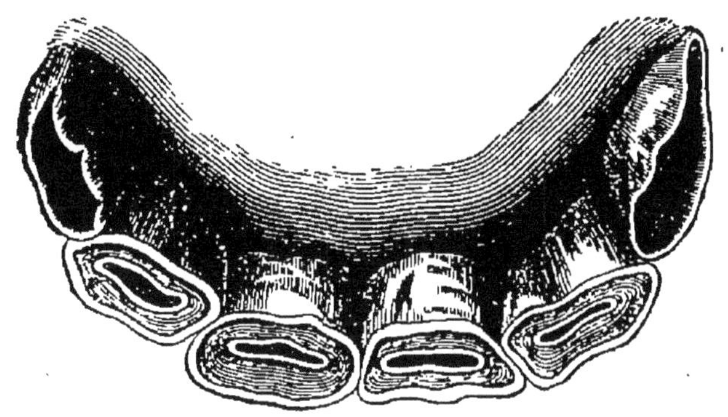

Fig. 66. — Mâchoire à 5 ans.

ron, il faudra donc trois ans pour que les incisives soient complètement rasées.

Les pinces sont complètement rasées à six ans, le cornet dentaire a disparu (fig. 67).

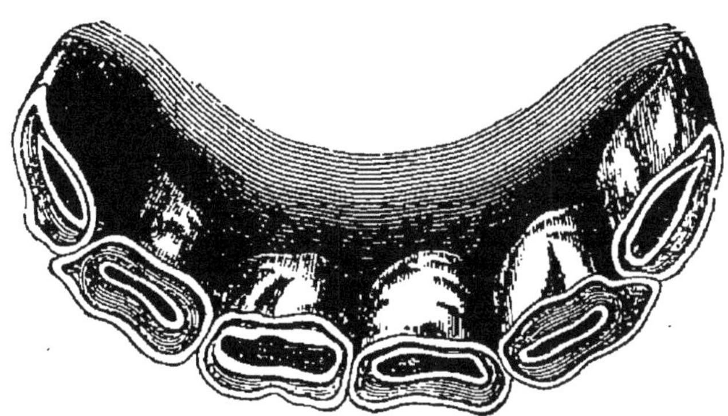

Fig. 67. — Mâchoire à 6 ans.

A sept ans, les mitoyennes sont complètement rasées (fig. 68).

Le rasement est devenu complet à huit ans pour les mitoyennes (fig. 69).

Deuxième période : A partir de neuf ans, on examine le contour de la table dentaire pour déterminer l'âge.

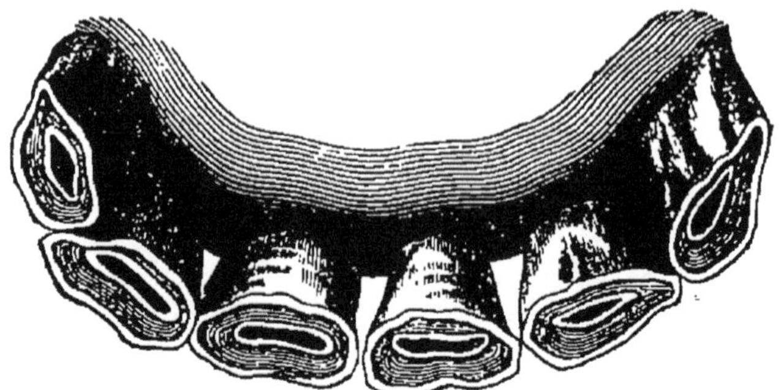

Fig. 68. — Mâchoire à 7 ans.

A neuf ans, les pinces s'arrondissent, les dimensions en longueur et largeur se rapprochent sensiblement.

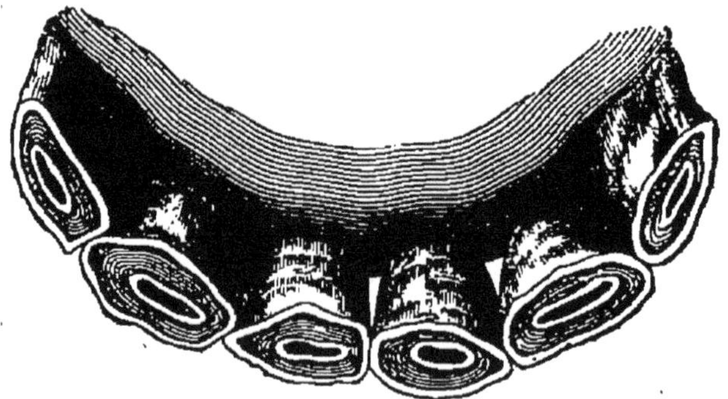

Fig. 69. — Mâchoire à 8 ans.

A dix ans, l'émail du cornet dentaire a entièrement dis-

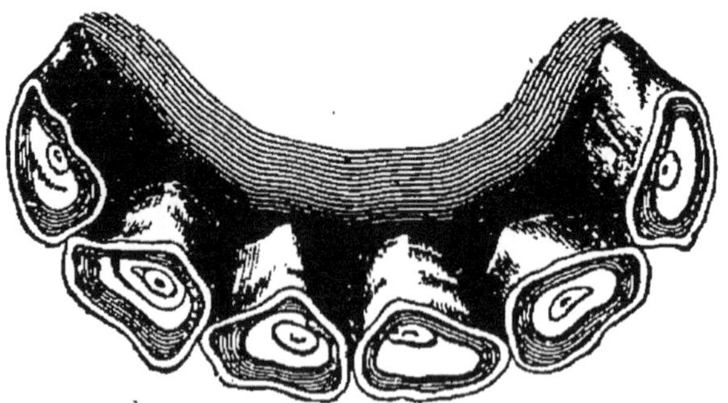

Fig. 70. — Mâchoire à 11 ans.

paru dans les pinces; dans les mitoyennes, cet émail se rapproche du bord postérieur des dents.

A onze ans, l'émail du cornet dentaire disparaît dans les mitoyennes et les coins deviennent arrondis (fig. 70).

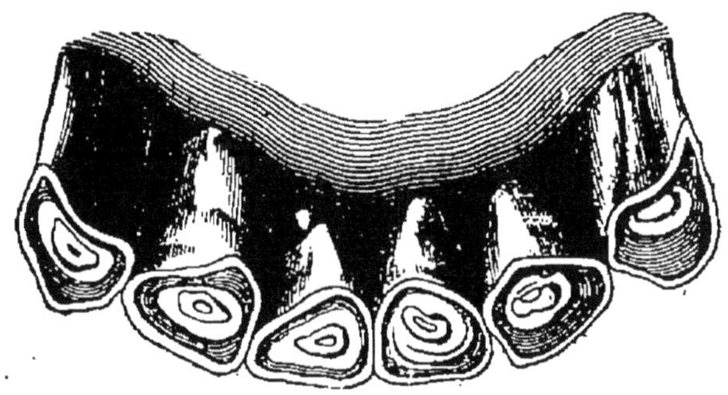

Fig. 71. — Mâchoire à 13 ans.

A partir de cette époque, la reconnaissance de l'âge devient très difficile, même pour un vétérinaire ; aussi ne

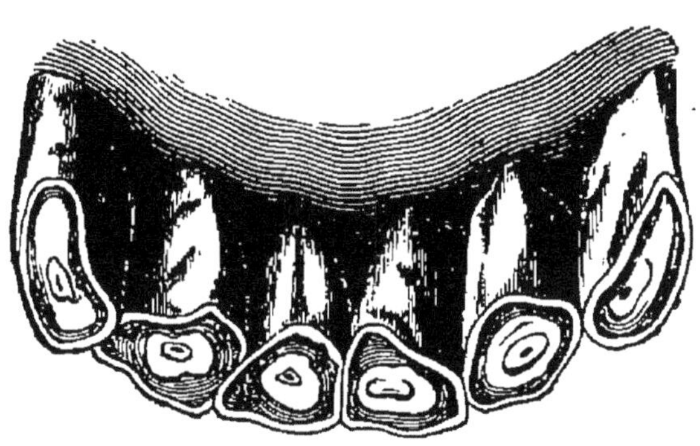

Fig. 72. — Mâchoire à 14 ans.

nous appesantirons-nous pas plus longtemps sur cette question.

250. Manœuvres frauduleuses. — Certains individus essayent parfois de tromper l'acheteur sur l'âge réel d'un cheval, selon qu'ils désirent le faire paraître plus vieux ou plus jeune.

Les jeunes chevaux peuvent être vieillis artificiellement par l'arrachage des dents de lait. Cette opération provoque l'éruption plus hâtive des dents de remplacement. En arrachant, par exemple, les mitoyennes de lait, lorsque

les pinces de remplacement apparaissent, on fait sortir
les mitoyennes de remplacement six mois plus tôt.

On peut reconnaître cette tromperie à différents signes :
le principal est dans le fait que les dents ne sont pas
usées régulièrement, comme elles devraient l'être si elles
étaient sorties à l'époque naturelle. En outre, on remarque
fort souvent une disposition irrégulière pour les incisives
sorties prématurément.

L'industrie des fraudeurs s'exerce surtout lorsqu'il
s'agit de rajeunir les vieux chevaux. Lorsque le cornet
dentaire a disparu, ce qui arrive vers l'âge de douze

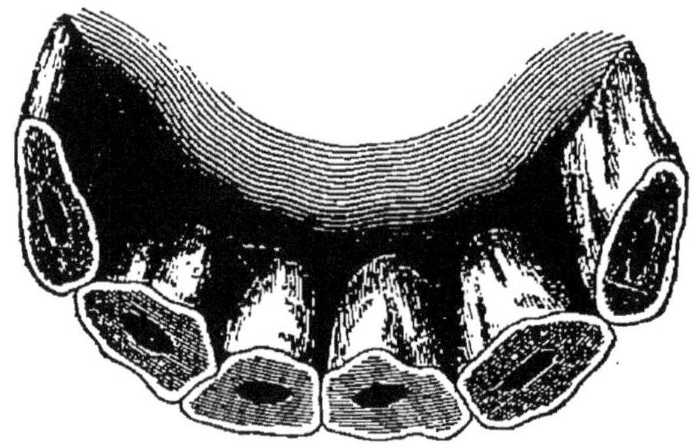

Fig. 73. — Mâchoire contremarquée.

ans, les marchands essaient quelquefois d'en faire appa-
raître un artificiellement. A cet effet, ils creusent avec un
outil tranchant une petite cavité dans la table dentaire
(fig. 73).

Dans ce cas, la fraude peut être reconnue à l'absence
d'émail autour de la cavité ainsi formée. En outre, la
forme triangulaire de la table dentaire indique que l'animal
est plus âgé qu'on ne veut le faire paraître.

D'autres fois, quand le cheval a les dents trop longues,
on les scie. On reconnaît alors très facilement la fraude,
car les deux mâchoires ne peuvent se rapprocher complètement en avant

CHAPITRE XXVI

Animaux domestiques *(suite)*. — Le Bœuf.

251. Bœuf. — Dans l'espèce bovine, le mâle est, selon son âge, nommé : *veau, taurillon, taureau.*

La femelle reçoit successivement les noms de *véle, génisse, vache.*

Les animaux de l'espèce bovine fournissent à l'homme leur lait, leur viande et leur travail; ils sont en quelque sorte plus utiles que les animaux de l'espèce chevaline, qui ne nous fournissent guère que leur travail.

252. — Nomenclature des parties du corps d'un taureau (fig. 74).

1. Tête.	15. Mufle.	29. Coude.	43. Rein.
2. Cornes.	16. Miroir.	30. Avant-bras.	44. Flanc.
3. Front.	17. Bouche.	31. Genou.	45. Creux du flanc.
4. Oreilles.	18. Lèvres.	32. Canon.	46. Ventre.
5. Tempes.	19. Nuque.	33. Boulet.	47. Nombril.
6. Sourcils.	20. Chignon.	34. Paturon.	48: Croupe.
7. Paupières.	21. Cou.	35. Ergot.	49. Hanche.
8. Yeux.	22. Gorge.	36. Couronne.	50. Queue.
9. Joues.	23. Veine jugule.	37. Sabot.	51. Anus.
10. Ganache.	24. Fanon.	38. Pince.	52. Fesses.
11. Mâchoire.	25. Poitrail.	39. Talon.	53. Cuisses.
12. Menton.	26. Garrot.	40. Sole.	54. Grasset.
13. Chanfrein.	27. Epaule.	41. Dos.	55. Rotule.
14. Naseaux.	28. Bras.	42. Côtes.	56. Jarret.

253. Races bovines. — La France est riche en races bovines, dont la plupart sont aptes au travail et à l'engraissement. Quelques-unes d'entre elles possèdent tout spécialement des facultés laitières, notamment les races bretonne, normande et flamande.

La France peut être divisée en six grandes régions au point de vue de sa population bovine : 1° le nord; 2° l'ouest; 3° l'est; 4° le centre; 5° le sud-ouest; 6° le sud-est.

On trouve dans le nord les races *hollandaise*, *flamande*, et *normande*. Ces trois races ont des aptitudes laitières très prononcées.

Dans l'ouest, on rencontre les races *bretonne* et *parthe-*

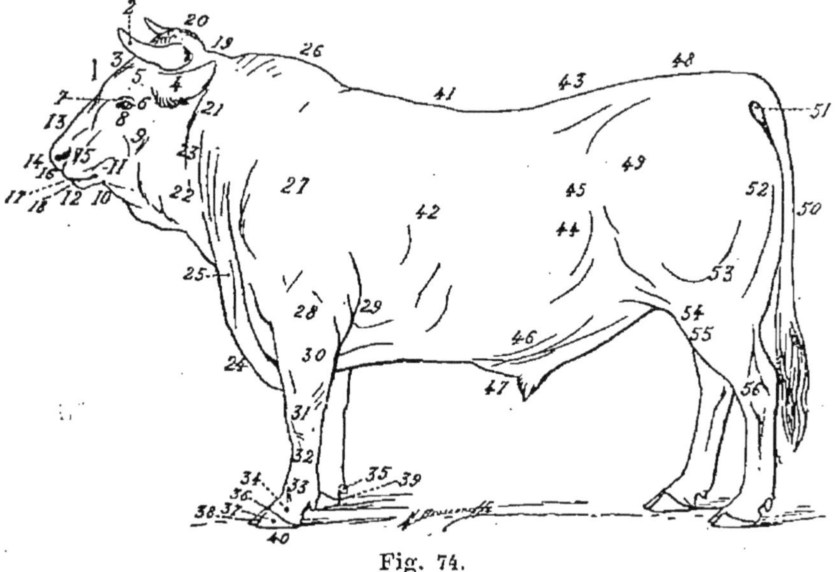

Fig. 74.

naise : la première a de remarquables facultés laitières ; la deuxième est surtout employée pour le travail.

L'est nous fournit les races *fémeline* et *comtoise*, toutes les deux aptes à la production laitière.

Dans le centre se trouvent les races *limousine*, *charolaise* et de *Salers*. La première de ces races a de remarquables aptitudes pour le travail et l'engraissement; la deuxième fournit surtout des animaux de boucherie; enfin la race de Salers a la réputation de fournir d'excellents animaux de travail.

Les races *gasconne* et *garonnaise* occupent en grande partie la région du sud-ouest. Ces deux races fournissent surtout des animaux de travail.

Dans la région du sud-est, l'espèce bovine se trouve surtout représentée par les races *tarentaise* et de *Schwitz;* toutes les deux fournissent de bonnes vaches laitières.

On divise les races bovines relativement à leur taille en races de grande taille et en races de petite taille.

Les animaux qui appartiennent aux races de grande taille atteignent 1ᵐ75 et 1ᵐ80 de hauteur, prise au garrot,

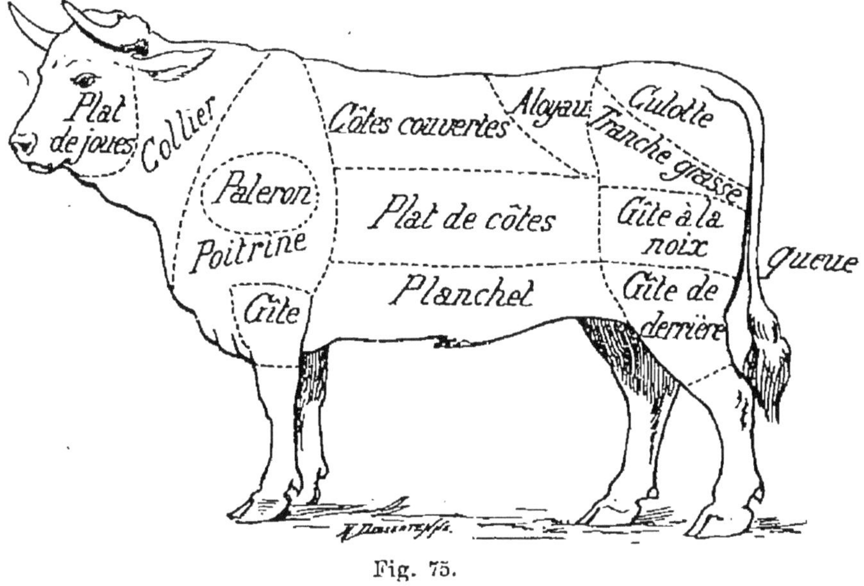

Fig. 75.

avec une longueur de deux mètres. Ceux de petite taille ont 1ᵐ 25 à 1ᵐ30 de hauteur et 1ᵐ50 de longueur.

Le poids des animaux de grande taille atteint, pour les bœufs adultes, 800 à 900 kilogrammes et pour les vaches 350 à 600 kilogrammes. Dans les petites races, le poids des bœufs est d'environ 500 kilogrammes et celui des vaches de 300 à 350 kilogrammes.

254. Choix des animaux de l'espèce bovine. — Dans la généralité des cas, les bœufs ou les bouvillons que l'on achète en foire, doivent fournir du travail à la ferme pendant un certain temps, puis on les sacrifie ensuite à la boucherie. On devra donc essayer de se rapprocher des animaux de boucherie, comme conformation, toutes les fois qu'on voudra introduire de nouveaux bœufs dans l'exploitation. On recherchera un squelette moyen, une tête mince, des jambes courtes, un corps long, un dos horizontal, des reins larges, des fesses peu fendues, garnies de muscles descendant très bas; une encolure forte, épaisse, bien pourvue de chair, la queue grosse à la base, mince à l'extrémité, un poitrail large, des côtes longues, fortes, arrondies, des yeux vifs, brillants; une peau fine, souple, libre et le poil brillant.

255. Renseignements pratiques sur la reconnaissance de l'âge du bœuf. — On peut reconnaître l'âge des bêtes bovines par leurs dents. Le bœuf a trente-deux dents, dont vingt-quatre molaires et huit incisives. La mâchoire supérieure est dépourvue d'incisives : à leur place est un bourrelet formé d'une peau dure et épaisse.

Les dents incisives (fig. 76) se divisent en pinces (1); en premières mitoyennes (2); en deuxièmes mitoyennes (3); et en coins (4).

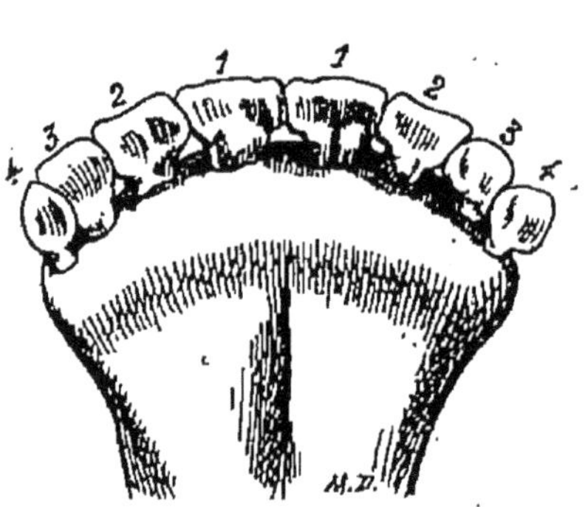

Fig. 76. — Mâchoire du bœuf.

Le bœuf a deux dentitions comme le cheval, une de lait ou caduque et une de remplacement ou d'adulte.

Les dents de lait incisives sont très petites; les dents d'adultes sont beaucoup plus larges et faciles à distinguer d'avec les autres.

Le veau naît le plus souvent avec les pinces et les premières mitoyennes. Vers le dixième jour apparaissent les deuxièmes mitoyennes. Les coins viennent ensuite du vingt-cinquième au trentième jour.

A dix-huit mois, les pinces de remplacement font leur

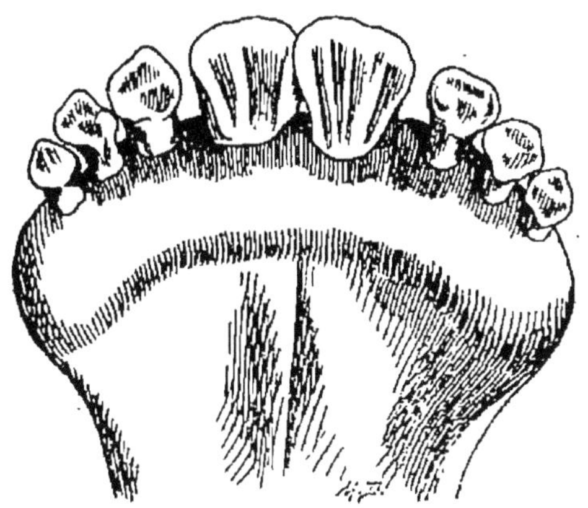

Fig. 77. — Mâchoire à dix-huit mois.

éruption et le remplacement est complet à deux ans. (fig. 77) Les deux premières mitoyennes font leur éruption à partir de deux ans et sont entièrement poussées à trois

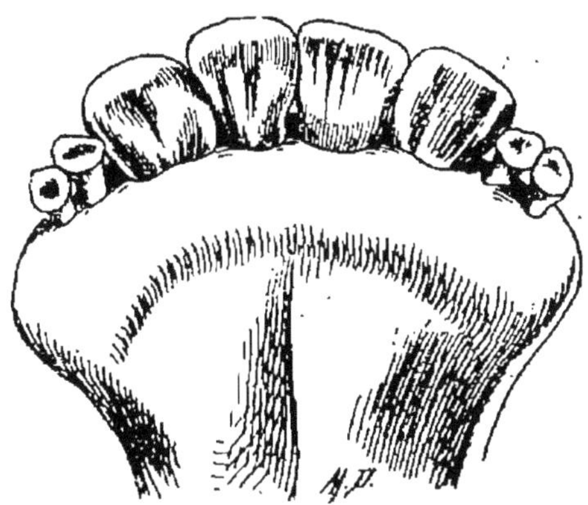

Fig. 78. — Mâchoire à trois ans.

ans (fig. 78). A partir de trois ans, les deuxièmes mitoyennes font leur éruption et le remplacement est complet à quatre ans (fig. 79).

De quatre à cinq ans, a lieu l'évolution des coins de

remplacement. La dentition d'adulte est alors achevée (fig. 80).

A partir de cette époque, on peut encore apprécier

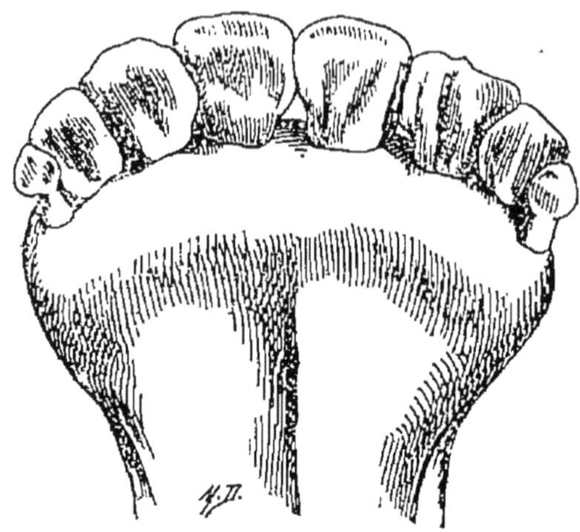

Fig. 79. — Mâchoire à quatre ans.

l'âge par l'usure des dents, mais cela devient difficile. L'état des cornes peut aussi servir pour évaluer l'âge

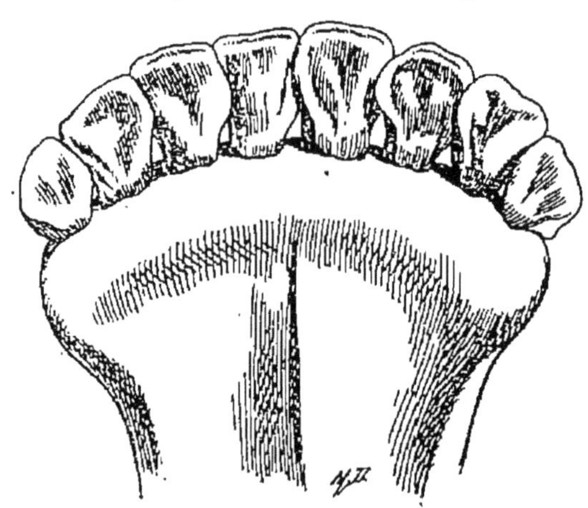

Fig. 80. — Mâchoire du bœuf adulte.

des bêtes bovines. Chaque année, il se produit à la base de la corne une sorte de bourrelet circulaire suivi d'une dépression, qui indique la pousse de l'année. Il ne se montre pas d'anneau sur les cornes avant l'âge de trois ans. Il en résulte que, pour savoir l'âge d'un bœuf, il suffit de compter le nombre des bourrelets et de l'augmenter de deux. Un animal dont les cornes auraient quatre bourrelets serait donc âgé de six ans. Lorsque les animaux travaillent au joug, les bourrelets disparaissent. Les marchands de bestiaux excellent aussi dans l'art de travailler les cornes; ils font disparaître une partie des bourrelets quand ils sont très nombreux.

256. Catégories des viandes de boucherie. — La figure 81 peut servir pour classer la viande de bœuf

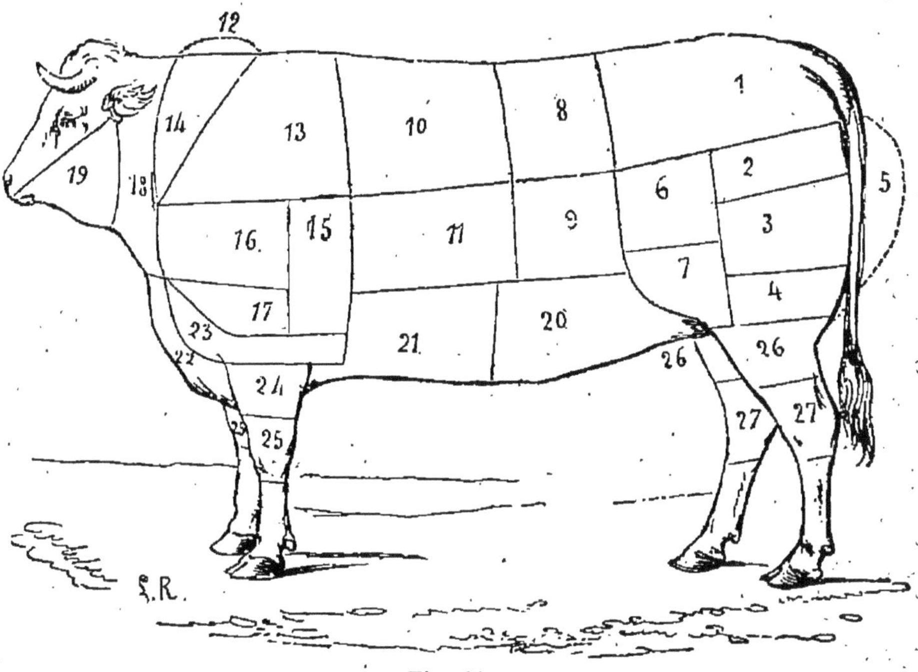

Fig. 81.

en trois catégories suivant sa qualité. La viande de première catégorie se trouve en : 1 à 8. — La viande de deuxième catégorie en : 9 à 17. — La viande de troisième catégorie en : 18 à 27.

CHAPITRE XXVII

Animaux domestiques *(suite)*.

257. Âne. — Dans certains pays et notamment en Poitou et en Gascogne, l'âne est pour l'agriculteur un auxiliaire dévoué.

Toute proportion gardée, eu égard au poids, l'âne est plus fort que le cheval, comme animal de bât. L'âne peut sans inconvénient être chargé à dos d'un poids de 120 kilogrammes; le cheval ne pourrait guère porter plus de 150 kilogrammes. Les races asines sont peu nombreuses en France. On a : 1° la race du Poitou, 2° la race de Gascogne.

Race de Poitou — La race de Poitou est la plus estimée et on l'importe dans toutes les contrées où l'on veut produire des *mulets*.

L'âne du Poitou est d'une taille assez forte, de 1^{m}40 à 1^{m}48. Sa couleur est généralement noirâtre; le bout du nez et le dessous du ventre sont d'un gris argenté.

La plupart des mâles (*baudets*) sont velus comme des ours et à poils feutrés et en guenilles. Plus les poils sont feutrés et en guenilles, plus les animaux (*guenilloux*) sont trouvés beaux par les connaisseurs.

Les bons mâles reproducteurs du Poitou (*baudets, bourriquets*) valent couramment plusieurs milliers de francs.

Race de Gascogne. — La race gasconne est caracté-
risée par une conformation assez régulière ; sa taille ne
dépasse guère 1^m40 de hauteur.

Les poils qui recouvrent l'âne de Gascogne sont généralement courts, rarement frisés et de couleur brune.

La race de Gascogne est moins estimée que la race du
Poitou pour la production des mulets. Aussi va-t-on souvent de Gascogne en Poitou pour y acheter des baudets ;
le contraire n'a jamais lieu.

L'âge de l'âne se détermine de la même façon que pour
le cheval.

258. Mulet et bardot. — Le *mulet* est le produit
de l'accouplement de l'âne avec la jument ; le produit de
l'ânesse et du cheval se nomme *bardot.*

On divise les mulets en trois catégories distinctes pour
la taille et l'aptitude au service. Il y a celle des petits
mulets, dont la taille ne dépasse pas 1^m45 et qui sont
exclusivement employés comme bêtes de somme. Cette
catégorie est produite en Algérie et dans les pays méri-
dionaux de l'Europe.

La catégorie des mulets de taille moyenne est produite
dans le midi de la France, et exceptionnellement en Poitou ;
leur taille varie de 1^m45 à 1^m55. Ces mulets sont à la fois
aptes au service de bêtes de somme et de trait léger. Le
train des équipages de l'armée française les emploie à ce
double titre.

Enfin, la catégorie des mulets de grande taille s'obtient
seulement en Poitou. La taille de ces mulets varie de 1^m55
à 1^m70. Leur poids peut atteindre 700 kilogrammes. Cette
catégorie de mulets est presque exclusivement employée
pour les gros charrois et pour la culture.

259. Porc. — Les différentes variétés de porcs que
l'on trouve en France appartiennent toutes à la *race celtique* et à la *race ibérique,* d'après la classification de
M. Sanson.

A la race celtique se rattachent les variétés *craonnaise*, *mancelle* et *normande;* la race ibérique comprend les variétés *béarnaise, périgourdine, limousine* et *bressane.*

La variété craonnaise est celle qui a pris le plus d'extension.

Parmi les variétés étrangères introduites en France, on doit signaler les *yorkshire* et les *berkshire*, qui ont été obtenues par des croisements de la race asiatique avec les anciennes races locales anglaises. Les yorkshire sont de couleur blanche et les berkshire de couleur noire.

Les races françaises ont été fort souvent imprégnées du sang des berkshire et des yorkshire.

Répartition des races. — Les races porcines se répartissent en France ainsi qu'il suit : au nord, les variétés normande et craonnaise; à l'ouest, les variétés craonnaise et mancelle; à l'est, la variété bressane; au centre, les variétés limousine et périgourdine ; au sud, la variété béarnaise.

260. Chèvre. — La chèvre rend à l'homme des services dignes d'une très sérieuse attention. C'est la vache des pauvres gens et fort souvent le seul bétail des petits cultivateurs.

On élève surtout les chèvres pour la production du lait, qu'on consomme en nature ou que l'on transforme en fromage.

Races. — On trouve trois races de chèvres en France : les races du Poitou, des Alpes et des Pyrénées.

Les chèvres sont surtout nombreuses dans les régions montagneuses. Elles peuvent vivre sur les pâturages les plus maigres, là où tous les autres animaux dépériraient. Les chèvres sont très friandes des jeunes pousses d'arbres et elles peuvent, pour ce motif, causer de graves dégâts.

261. Mouton. — Le mouton est producteur de laine, de viande et de lait. Autrefois la laine était le produit que

recherchaient presque exclusivement les éleveurs. Aujour-
d'hui, on élève surtout le mouton en vue de la production de la viande.

La France possède un certain nombre de races ovines,
qui se répartissent par régions, comme il suit : au nord,
la race flamande ; au centre, les races berrichonne et
solognote ; à l'ouest, la race poitevine ; au sud-ouest, les
races lauraguaise, albigeoise, landaise, du Larzac et des
Pyrénées.

De nombreux croisements ont été opérés avec les races
étrangères anglaises, southdown et dishley.

La race mérinos, acclimatée en France, y a fait souche
et a donné naissance à plusieurs variétés dont les principales sont celles de la Champagne, du Soissonnais, de la
Brie, de la Beauce et du Roussillon.

L'âge de la chèvre et du mouton se reconnaît de la
même façon que l'âge du bœuf.

262. **Lapin.** — L'élevage des lapins est très utile et
très lucratif dans une ferme. On peut compter sur un produit brut d'une quinzaine de francs par femelle et par an,
ce qui n'est pas à dédaigner.

On signale cinq variétés de lapins : 1° le lapin commun ;
2° le lapin argenté ou lapin à fourrure ; 3° le lapin angora ;
4° le lapin de Chine ou lapin russe, de couleur blanche ;
5° le lapin bélier.

263. **Cobaye ou cochon d'Inde.** — Le cobaye
était autrefois beaucoup plus répandu qu'aujourd'hui ; on
tend à en abandonner l'élevage. Cet animal se nourrit
d'herbes, de fruits, de son et de pain.

Le lapin et le cobaye appartiennent à l'ordre des ron-
geurs.

264. **Chien.** — Au point de vue purement agricole, on
peut diviser les chiens en deux classes : 1° les chiens de
garde ; 2° les chiens de berger. Les chiens de garde ont
la plus forte taille et, pour être bons, doivent être de

caractère batailleur. Les meilleurs chiens de garde sont ceux qui sont les plus hargneux.

Les chiens de berger doivent surtout être intelligents ; il n'est pas besoin qu'ils possèdent une grande force musculaire. Un chien de berger intelligent est un auxiliaire précieux dans une ferme.

265. **Chat.** — Le chat domestique est un animal utile dans les fermes pour la chasse qu'il fait aux souris et aux rats ; mais il s'attaque quelquefois aux jeunes animaux de la basse-cour.

OISEAUX DE BASSE-COUR

266. **Coqs et poules.** — Nous possédons en France un assez grand nombre de races de poules ; les plus estimées sont : les races de *Crèvecœur*, à chair délicate ; de *la Flèche*, remarquable par sa grande taille ; de *la Bresse*, à chair très délicate, de taille moyenne.

La race de Crèvecœur fournit les meilleures pondeuses.

Les poules de races communes sont les plus nombreuses et les moins estimées.

Quelques races de poules ont été importées de l'étranger ; on trouve assez communément en France la race cochinchinoise, la race de Dorking et la race de Padoue.

267. **Canard.** — La plupart des races de canards domestiques sont issues du canard sauvage. Les plus connues sont : 1º la race commune ; 2º la race de Rouen ; 3º la race du Labrador à plumage noir ; 4º la race d'Aylesbury à plumage blanc et à bec rose.

Le canard de Rouen est le plus gros de tous ; il possède un riche plumage.

La femelle du canard pond chaque année de trente à soixante œufs.

On élève aussi quelquefois le canard de Barbarie ou canard musqué, remarquable par les caroncules rouges qui couvrent sa tête. La femelle du canard musqué est beaucoup plus petite que le mâle.

L'élevage des canards est très facile, surtout quand on dispose d'une pièce d'eau.

Dans quelques pays, on engraisse les canards dans le but d'accroître le volume du foie. Cet organe peut arriver au poids relativement considérable de 300 grammes après un engraissement bien conduit.

268. Oie. — L'oie est domestiquée depuis les temps les plus reculés. On en élève deux races principales : l'oie commune et l'oie de Toulouse. Cette dernière atteint un volume beaucoup plus considérable que l'oie commune.

Les oies sont très faciles à élever; on peut les mener en troupeaux dans les champs, après l'enlèvement des céréales.

De même que les canards, on engraisse dans certaines régions les oies pour obtenir des foies gras, très recher-chés.

269. Dindon. — Le dindon est le plus gros, mais aussi le plus difficile à élever parmi les volatiles de basse-cour.

On en connaît trois variétés qui se distinguent par la couleur de leur plumage, qui est noire, grise ou blanche. Les dindons vivent en troupeaux comme les oies; ils peuvent aussi être menés dans les champs après la mois-son, pour y ramasser les grains tombés.

270. Pintade. — La pintade est fort peu répandue dans les basses-cours, malgré la délicatesse de sa chair.

Son élevage ne présente pas de grandes difficultés, mais on lui reproche d'être fort tapageuse et d'avoir un cri désagréable. Les femelles cachent assez souvent leur nid.

271. Pigeon. — L'élevage du pigeon est très facile.

Cet oiseau vit à l'état demi-sauvage, car il abandonne son colombier pendant le jour pour errer à la recherche de sa nourriture.

On connaît un nombre considérable de races de pigeons; la plus commune est celle du pigeon *bizet.*

272. **Cygne.** — Le cygne est surtout un oiseau de parc. Il se nourrit de vers et d'insectes aquatiques, de végétaux et de graines.

On en connaît deux variétés : le cygne commun de couleur blanche et le cygne noir ou cygne d'Australie.

CHAPITRE XXVIII

273. Les insectes sont à la fois une cause de richesse
et de ruine pour l'agriculture. Le ver à soie rapporte
chaque année des millions à la France, mais on évalue
à plus d'un milliard la perte subie annuellement par
l'agriculture française par suite des ravages du phylloxera, des sauterelles et autres insectes nuisibles aux
récoltes.

La nécessité de la protection des insectes utiles et de
la lutte contre les insectes nuisibles apparaît ainsi comme
évidente.

Dans cette lutte, le cultivateur trouvera dans les oiseaux
ses plus utiles auxiliaires.

274. **Organisation des insectes.** — Le corps
de ces animaux est partagé en trois parties : la tête, le thorax et l'abdomen. On distingue nettement ces trois parties sur la guêpe, l'abeille, la mouche ordinaire (fig. 82).

Selon que la bouche des insectes est disposée pour
broyer, sucer ou lécher, on distingue les insectes
broyeurs, suceurs, lécheurs.

Le thorax se compose de trois segments. Quand les
ailes existent, elles sont portées par le deuxième segment
seul, ou par le deuxième et le troisième. Les insectes
sont donc *aptères* (sans ailes), *diptères* (une paire d'ailes),
tétraptères (deux paires d'ailes).

275. Un certain nombre d'insectes subissent des métamorphoses.

Chez ces insectes, il sort de l'œuf une *chenille* si l'œuf provient d'un papillon, ou une *larve* s'il n'en provient pas. La chenille n'a pas d'ailes ; elle est quelquefois vivement colorée ; la larve paraît ressembler à un ver blanc ; tout le monde connaît la larve du hanneton, vulgairement

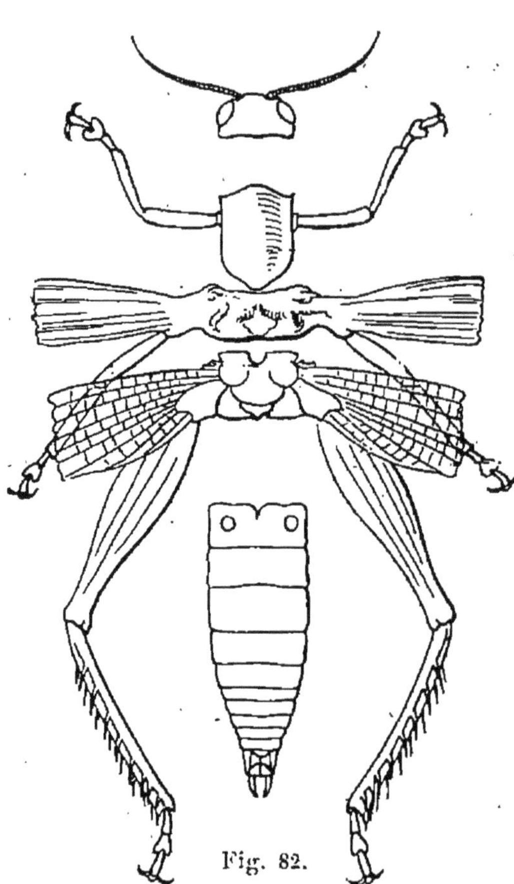

engraisse-poule, *ver blanc*, *mans*, *turc*, et l'*asticot*, larve de la mouche des appartements. Après quelque temps, la larve se transforme en *nymphe* et la chenille en *chrysalide*. A l'état de nymphe ou de chrysalide, l'insecte ne mange pas, il paraît mort. A ce moment, l'insecte est sans défense ; aussi le plus souvent est-il enveloppé d'une coque de soie ou de terre, ou placé profondément dans le sol. Enfin, au bout de quelque temps, la nymphe ou la

Fig. 82.

chrysalide subit un dernier changement : elle se transforme en insecte parfait. Telles sont les métamorphoses *complètes*.

Chez quelques insectes, les nymphes ressemblent presque à l'insecte parfait ; elles n'en diffèrent qu'en ce qu'elles n'ont pas d'ailes. Ce sont les métamorphoses *incomplètes*.

Enfin, quelques insectes ne subissent pas de métamorphoses ; ils sortent de l'œuf à l'état parfait.

INSECTES UTILES

276. Nous ne dirons que peu de chose des insectes utiles : il suffit au cultivateur de les distinguer et de savoir qu'il ne doit pas les détruire. Ces insectes, dont nous allons parler, sont utiles parce qu'ils détruisent les insectes nuisibles pour en faire leur nourriture.

277. **Coléoptères.** — Dans les coléoptères, on doit signaler au premier rang les différentes *cicindèles* (fig. 83) :

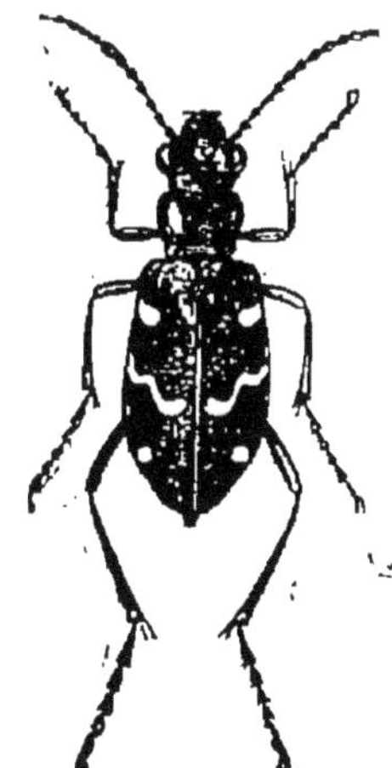

Fig. 83.

champêtre, hybride, sylvatique et maritime, qui poursuivent d'autres insectes pour s'en nourrir. La larve des cicindèles tend un piège aux différents insectes dont elle veut faire sa nourriture. Elle se creuse une sorte d'excavation dans l'intérieur du sol et cette excavation aboutit à la surface par une espèce d'entonnoir, dans lequel vient tomber sa victime. Cette ruse réussit souvent très bien à la larve de la cicindèle maritime, qui se tient dans un milieu sablonneux. La pente de l'entonnoir suffit pour précipiter l'insecte dans le piège, et la larve le dévore sans merci.

Les différents *carabes* rendent de grands services. Ils détruisent

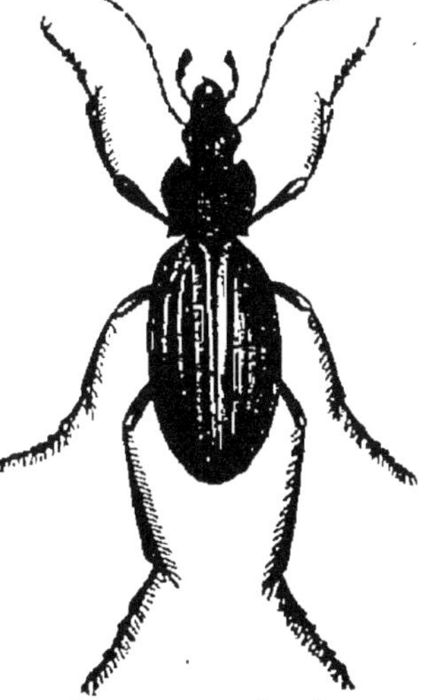

Fig. 84. — Carabe.

beaucoup de hannetons et sont très utiles tant aux champs que dans les jardins, pour protéger nos récoltes en terre.

Les *calosomes* font une chasse active aux chenilles en grimpant sur les arbres où celles-ci sont nichées et accomplissent leurs déprédations. Le *calosome sycophante*

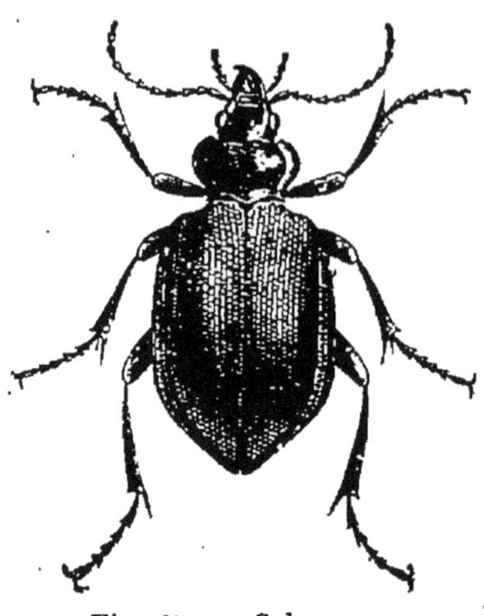

est particulièrement utile dans les parcs et dans les bois, pour détruire la chenille du bombyx processionnaire, dont on fera plus loin connaître les mœurs. Le *calosome inquisiteur* fréquente les bois et les vergers et détruit toute espèce de chenilles pour s'en nourrir.

Le *procruste chagriné* attaque surtout les limaces et les colimaçons, dont il se nourrit.

Fig. 85. — Calosome.

Les *brachins*, qui ont l'habitude de vivre en colonies sous les pierres, se nourrissent de larves de petite taille.

Les *féronies*, éminemment carnassiers, ne vivent absolument que d'insectes qu'ils poursuivent et sacrifient pour leur nourriture. Ils habitent les champs et les bois.

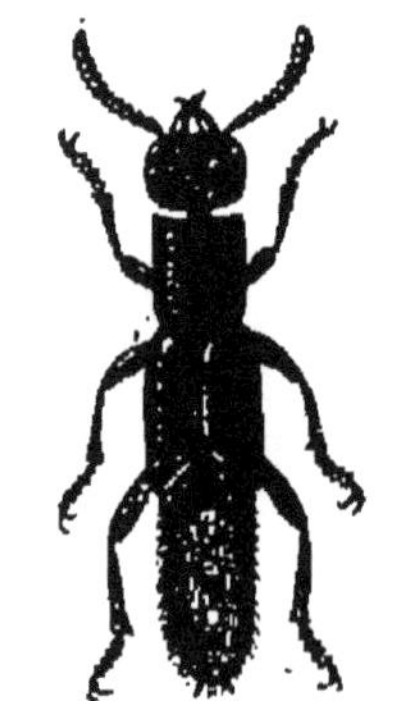

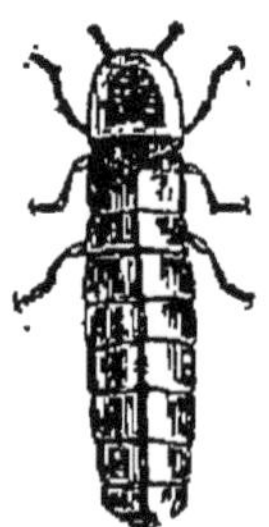
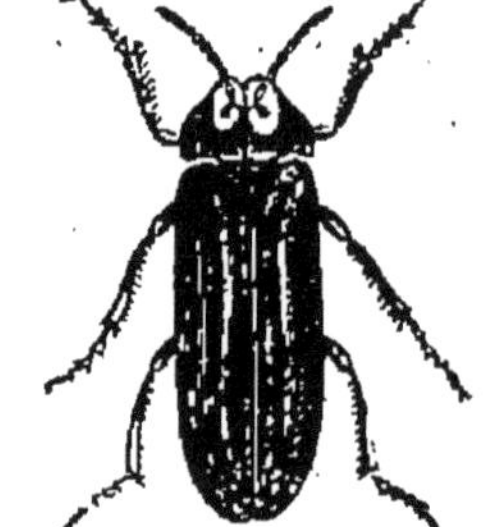

Fig. 86. — Staphylins   Fig. 87. — Lampyres femelle et mâle.

Les *staphylins* détruisent beaucoup d'insectes et de limaces; ils se nourrissent également de la chair des animaux en putréfaction. On les reconnaît à la propriété qu'ils ont de lever leur abdomen en le mettant à angle droit avec le reste du corps.

Les *lampyres* ou *vers luisants* se nourrissent de limaces, de colimaçons ou de chenilles ; à l'état larvaire, ils en font surtout une grande consommation.

Les *coccinelles* ou *bêtes à bon Dieu* ne vivent, surtout à l'état de

Fig. 88. — Coccinelle.

larves, que de pucerons et de petites chenilles.

Les *téléphores* détruisent une grande quantité de pucerons ; enfin, les *amares*

Fig. 89. — Coccinelles à la recherche des pucerons.

et les *harpales* s'attaquent surtout aux petits insectes.

278. Orthoptères. — Dans cet ordre, les *mantes* et les *empuses* sont très carnassiers à l'état adulte.

Elles se nourrissent de larves de nymphes et chassent sur les plantes toute espèce d'insectes vivants.

279. Hyménoptères. — Quelques hyménoptères fouisseurs, tels que les *cerceris*, les *crabrons*, les *oxybèles*, les *diodontes*, approvisionnent leurs nids souterrains de pucerons et autres petits insectes nuisibles.

Parmi les hyménoptères les plus utiles, il faut signaler ceux qui vivent en parasites dans le corps de certains insectes. Les femelles de ces hyménoptères, au moyen d'une sorte de tarière, introduisent leurs œufs dans un

grand nombre de larves d'insectes. Les larves sont rongées en dedans par les petites larves naissant de ces
œufs. Ainsi les *ichneumons* et les *trogues* attaquent les
chenilles nuisibles au chêne; les *braconiens* déposent un
grand nombre d'œufs dans la même chenille et les jeunes
larves qui éclosent amènent la mort de l'être qui leur a
servi de berceau. C'est ainsi que le *microgaster agglo-
méré* détruit la chenille de la piéride du chou; que l'*élasse*
à petites antennes détruit le puceron lanigère, si nuisible
aux arbres fruitiers.

CHAPITRE XXIX

Insectes nuisibles.

280. Nous adopterons l'ordre suivant pour l'étude des insectes nuisibles.

1° Insectes nuisibles aux plantes potagères ;

2° Insectes nuisibles aux plantes fourragères ;

3° Insectes nuisibles aux céréales, aux plantes oléagineuses et industrielles ;

4° Insectes nuisibles à la vigne ;

5° Insectes nuisibles aux arbres fruitiers ;

6° Insectes nuisibles aux forêts ;

7° Insectes nuisibles à toutes les cultures.

281. 1° **Insectes nuisibles aux plantes potagères : Bruches du pois, de la lentille et de la fève** *(Coléoptères)*. — La bruche du pois n'a pas de trompe ; on la reconnaît à la croix blanche peinte sur les élytres. Elle dépose un œuf dans le grain ; cet œuf donne naissance à une larve qui ronge le grain. Les grains attaqués surnagent dans l'eau.

Fig. 90.
Bruche du pois.

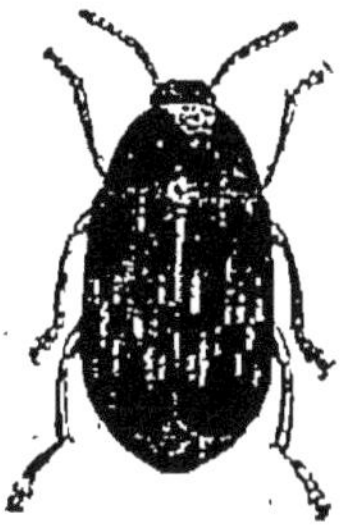

Fig. 91.
Bruche de la lentille

La bruche de la lentille attaque tellement les lentilles certaines années, qu'on est obligé de renoncer à cette culture l'année suivante, afin de faire périr l'insecte faute de nourriture.

La bruche de la fève se comporte comme la bruche du pois.

Le meilleur moyen de se débarrasser des bruches consiste à ne semer que des grains sains et à brûler les grains verts attaqués.

282. Altises. — Elles se reconnaissent facilement à leurs cuisses renflées qui leur permettent d'effectuer des sauts énormes. On les appelle *tiquets* ou *puces des jardins, puces de terre.* Elles s'attaquent aux choux, aux navets, et aussi au colza et aux céréales. On ne connaît guère leurs larves.

Leurs ravages sont parfois considérables. Elles rongent les feuilles des choux, des navets, des radis et, en général, des crucifères. Les feuilles rongées sont percées de trous comme un crible. Certaines années, les récoltes de radis sont complètement perdues.

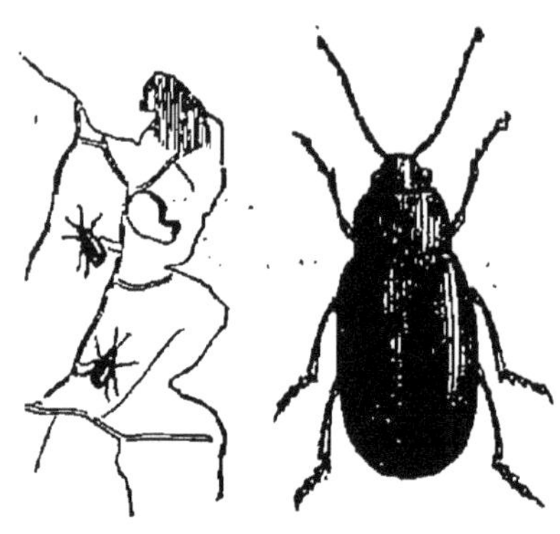

Fig. 92.
Altises grandeur nature et grossie.

Pour détruire ces insectes, on conseille de semer sur la terre une légère couche de cendres lessivées. — On peut encore semer sur les plantes de la sciure de bois, additionnée de goudron dans la proportion de 2 %. — Quelques personnes ont obtenu de bons effets avec un liquide contenant : savon, 1 kilogramme 250 ; soufre, 1 kilogramme 250 ; champignons de bois, 1 kilogramme ; eau, 60 litres.

283. Doryphora ou colorado. — C'est un parasite de la pomme de terre qui exerce surtout ses ravages dans les États-Unis d'Amérique. Ces ravages sont considérables. On détruit le doryphora par le sulfocarbonate de potasse.

284. Charançon du chou, du navet. — La partie supérieure de la racine des navets et des choux est

souvent recouverte d'excroissances plus ou moins régulières, donnant à ces racines une apparence galeuse. Ces
excroissances contiennent cha-
cune une ou plusieurs cellules
et chaque cellule contient la larve
d'un charançon.

La grande quantité de ces
galles rend quelquefois la plante
inutilisable.

Il n'est pas facile de se débarrasser de cet insecte. Le meilleur moyen consisterait à brûler
les racines tuberculées. — En
décembre et janvier les nymphes
de ces insectes sont molles, et la
plus légère pression les tue. Un
roulage pesant effectué à cette
époque détruira beaucoup de
nymphes.

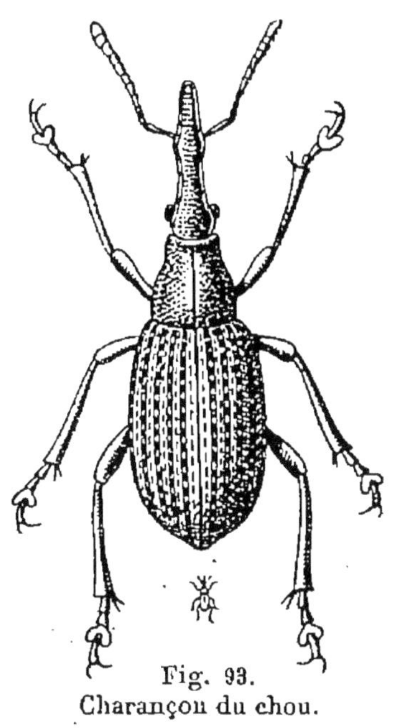

Fig. 93.
Charançon du chou.

285. Courtilière ou taupe-grillon. — La courtilière ressemble à la fois à la taupe et au grillon. Comme
la taupe, elle creuse des galeries avec ses deux membres
antérieurs ; comme le grillon, elle a la tête droite et des
ailes membraneuses se moulant sur le corps. — C'est en
creusant ses galeries que la courtilière coupe les racines
des plantes. De plus, elle pond dans un nid 300 ou
400 œufs, dont les larves dévorent les racines tendres des
plantes potagères ou même des céréales. On a vu des
champs de céréales dévorés par les courtilières. — Dans
les prairies et les jardins, elle manifeste sa présence par
des taches jaunes formées par les herbes ou les plantes
fanées.

On peut l'exterminer en versant sur ces taches de l'eau
bouillante. On peut encore, un jour de grande sécheresse,
verser de l'eau froide sur le terrain ; les courtilières,

avides d'eau, viennent à la surface du sol où l'on peut les détruire. — Un troisième moyen consiste à verser à l'entrée de leurs nids un verre à liqueur de goudron. En voulant sortir, l'insecte s'imprègne de goudron et se bouche les voies respiratoires. L'huile et l'eau de savon mélangées produisent le même effet. Mais ce moyen ne réussit pas dans les terres sableuses, où le liquide se perd. — En

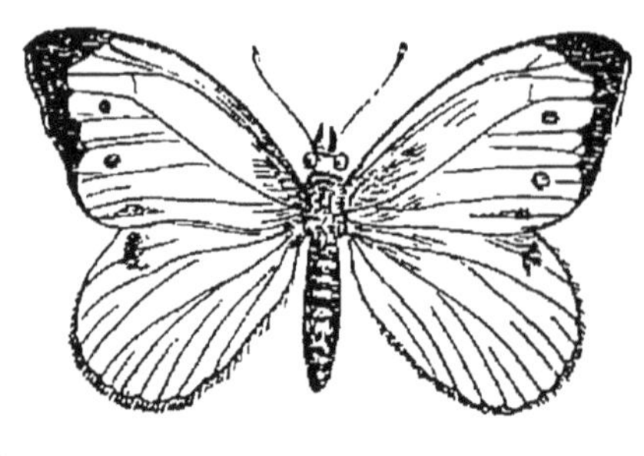

Fig. 94.
Piéride du chou.

juin et en juillet, un coup de bêche ramène les œufs à la surface du sol où l'on peut les détruire. — Enfin le *carabe doré* ou *jardinier* ou *cheval du bon Dieu*, les pies-grièches et les corbeaux font une guerre acharnée aux courtilières.

286. Piérides. —

Les piérides du chou et du navet rongent les feuilles et ne laissent que les côtes, tandis que la piéride de la rave ronge seulement le centre des feuilles; elle est appelée pour cette raison *ver de cœur*. On ne s'aperçoit

Fig. 95.
Chenille et chrysalide de la piéride du chou.

des ravages de la larve de cette dernière qu'en fendant la rave en deux.

Le papillon se distingue par ses antennes longues, terminées en massue, par son corps noir, et par ses ailes blanches arrondies. Dans la piéride du chou, l'extrémité des ailes est noire. Les œufs coniques sont plantés verticalement sur le revers des feuilles ; la chenille qui en sort est verdâtre. Ces chenilles se cachent à la lumière ; il faut donc les chasser à la chandelle. Les oiseaux, les volailles, les crapauds en sont très friands. On peut aussi détruire les œufs après les avoir recueillis sur les feuilles.

287. Noctuelles. — Les chenilles des noctuelles ont en général le corps presque glabre et dix pattes membraneuses. Quelques-unes s'enfoncent dans la terre pour se transformer en chrysalides. Ce sont celles-là qui nuisent aux plantes, notamment aux choux et aux racines. Il est assez difficile de s'en débarrasser.

Fig. 96. — Noctuelle potagère.

288. Pucerons. — Les pucerons des plantes potagères sont parfois assez nombreux dans les jardins. Les moyens de destruction seront étudiés plus loin.

289. Autres insectes. — La *mouche de l'échalote* se trouve dans les oignons ; la *psylomie de la rose* cause la rouille des carottes. Pour ces deux insectes, les moyens de destruction font défaut.

290. 2° Insectes nuisibles aux plantes fourragères. Charançon du trèfle ou apion. — Le trèfle est dévoré dans les champs par la larve d'un charançon. Lorsque le trèfle est en fleur, on aperçoit quelquefois un grand nombre de têtes dont les corolles jaunies et desséchées et les calices noirâtres annoncent que la fleur est atteinte par la larve d'un charançon. Cette larve a une teinte rougeâtre, environ 2 millimètres de longueur, et, si l'on presse sur le calice de la fleur desséchée, on la voit sortir par une tache noirâtre ou un petit trou situé à la base de ce calice.

Le premier procédé de destruction consiste à *alterner les cultures;* de manière à ne pas laisser le trèfle plus de deux ans sur le même terrain. Du reste, *ce procédé est général;* il peut s'appliquer à la destruction de tous les insectes qui nuisent aux plantes. Quand les larves éclosent, elles ne trouvent plus sur le sol la nourriture qui leur convient

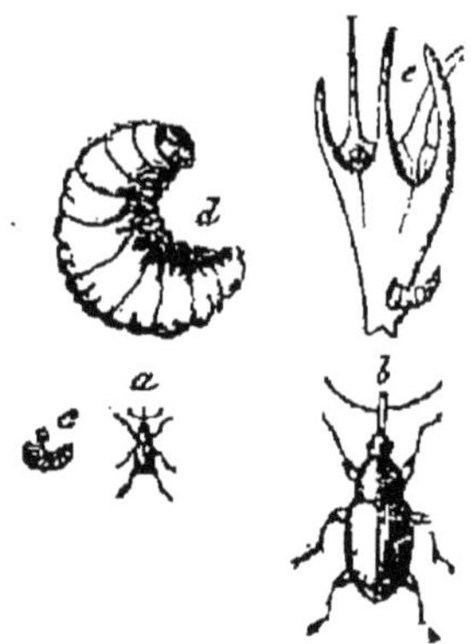

Fig. 97. — Apion.

et périssent. — On peut aussi couper les fourrages et les faire manger en vert, avant que les œufs soient éclos. — Un troisième procédé consiste à mettre le trèfle vert en tas, et à le laisser fermenter. La température s'élevant, les vapeurs et les gaz délétères qui se dégagent tuent la larve de l'apion. — Deux ichneumons, représentés par les fig. 98 et 99

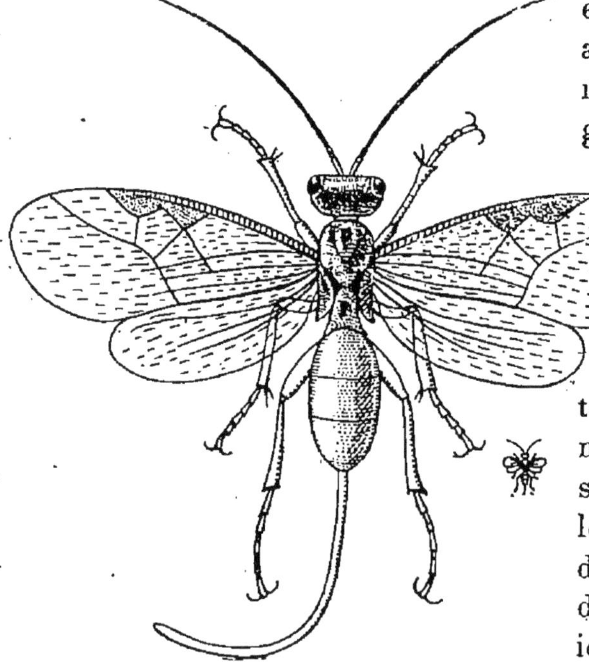

Fig. 98. — Ichneumon.

sont les parasites de l'apion du trèfle.

291. Sylphe obscur. — Le sylphe obscur s'attaque

à la betterave. La larve se reconnaît facilement : elle a
le dos noir, le ventre blanchâtre et elle est formée de
douze segments aplatis sur
les bords. Son abdomen se
termine en pointe.

On recommande con-
tre le sylphe la *pourpre
de Londres* (arséniate de
chaux coloré en rouge
par la rosaniline) et le
vert de Scheele ou arséniate
de cuivre. — Ces sels sont
dissous dans l'eau et projetés
en pluie fine par une journée

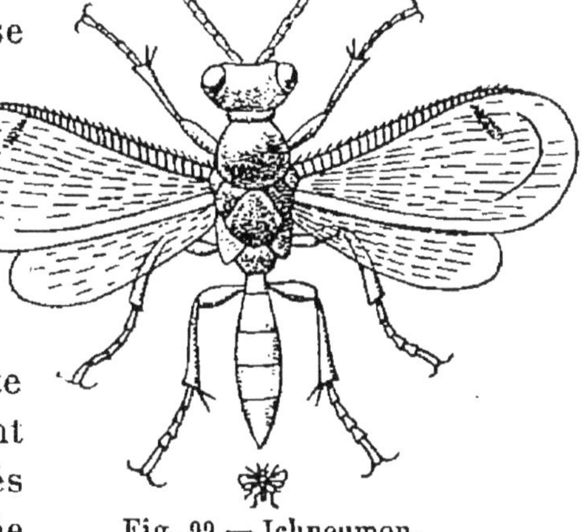

Fig. 99.— Ichneumon.

sèche. L'opération est analogue au sulfatage des vignes.

292. Noctuelle des moissons. — La noctuelle
des moissons nuit aux cé-
réales, mais elle attaque de
préférence la betterave et la
chicorée.

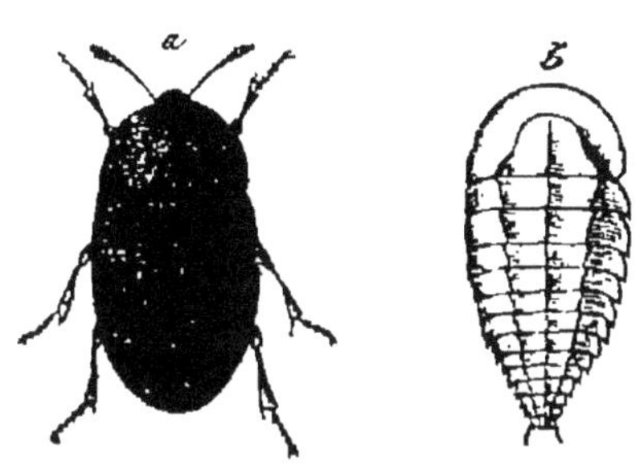

Fig. 100. — Sylphe obscur.

Dans le département du
Nord, en 1865, la récolte de
la betterave fut presque entièrement compromise; on
trouvait plus de 100 chenilles
par centimètre carré. Quand ces chenilles ont atteint leur
maximum de développement, elles ont environ 4 cent. 1/2
de longueur. Leur couleur est verdâtre, luisante. Chaque
chenille porte sur chaque anneau deux rangées de points
noirs surmontés d'un poil. Elle donne naissance à un
papillon brun rougeâtre, de 4 centimètres environ d'en-
vergure.

On a proposé des moyens multiples pour se débarrasser
de la noctuelle. Comme la chenille se déplace beaucoup,
quelques propriétaires ont fait creuser dans leurs terrains

attaqués des fossés de 30 centimètres de profondeur, à parois lisses, dans lesquels la chenille vient tomber, et où elle peut être détruite. — On a proposé aussi l'échenillage à la main, mais ce moyen est coûteux. — On peut également allumer le soir des feux où le papillon vient se brûler. — Mais le meilleur moyen consiste à s'en prendre à la chrysalide et aux œufs. Certaines chrysalides se transforment en papillons

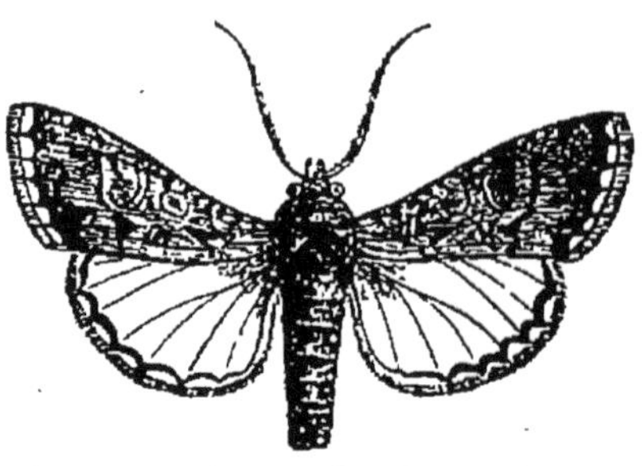

Fig. 101. — Noctuelle des moissons.

au mois d'août, mais le plus grand nombre restent dans la terre, enfoncées à quelques centimètres seulement de la surface du sol. Un labour d'octobre les ramène à la surface, où on les détruit. A cette époque on peut encore empêcher les papillons d'éclore au moyen d'un roulage, opération qui tasse la surface du sol. Le sol tassé ne peut être traversé par le papillon qui sort de la chrysalide, ce qui condamne ce papillon à périr. — Les œufs, qui se trouvent généralement en paquets sur les plantes, peuvent être recueillis et détruits. Enfin un ichneumon est parasite des chenilles de noctuelles. Il en détruit environ un cinquième.

Fig. 102.
Casside nébuleuse.

293. Bruche de la vesce. — Elle se comporte comme la bruche du pois. La bruche de la vesce attaque les semences, en déposant un œuf dans chaque grain. Pour s'en débarrasser, il suffit de faire manger les fourrages en vert; l'espèce ne se trouvera plus que dans les grains réservés pour les semailles. On jettera dans l'eau les grains conservés ; ceux qui surnagent seront passés au four et donnés aux volailles.

294. Casside nébuleuse. — Les larves, vertes avec des taches blanches, vivent sur les feuilles de betterave qu'elles percent de petits trous. Elles se transforment en nymphes sur la feuille même où elles vivent. Il est dès lors assez facile de les

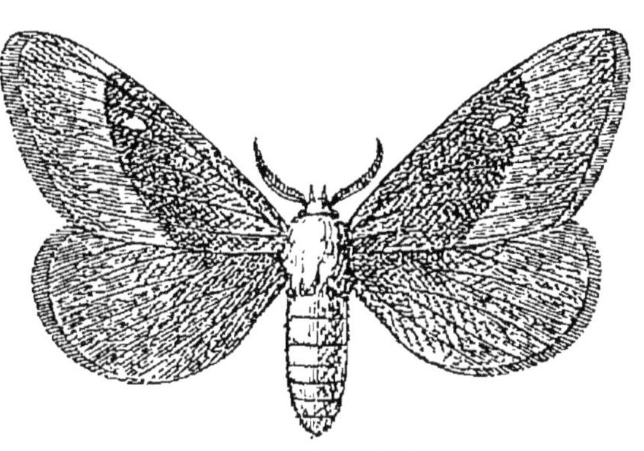

Fig. 103. — Bombyx de la luzerne.

détruire. — A l'état parfait, la casside nébuleuse est d'abord verte, puis elle devient noire par-dessous et couleur brun marron par-dessus.

295. Bombyx de la luzerne et du trèfle. — On reconnaît ces papillons à leurs

Fig. 104. — Bombyx du trèfle.

antennes massives et barbelées. La chenille est recouverte de poils noirs.

Il faut, pour s'en débarrasser, supprimer la culture de la luzerne dans les terrains attaqués.

CHAPITRE XXX

Insectes nuisibles *(suite)*.

296. 3° Insectes nuisibles aux céréales : Charançon du blé. — On reconnaît les charançons à leur tête prolongée en museau, à leur abdomen découvert, et à leurs antennes coudées terminées en massue. — L'hiver, le charançon du blé se cache dans les murs, dans les fentes des planchers ; il est alors invisible. C'est au printemps que la fécondation a lieu : la femelle fécondée entre dans un tas de blé et s'y enfonce à 8 ou 10 centimètres pour être tranquille. Alors elle pond, déposant un œuf dans chaque grain. Pour cela, elle perce obliquement, dans la fente, le tégument du grain. L'ouverture du trou est dissimulée par un enduit jaune. La larve grandit alors dans le grain attaqué, qui ne change pas d'aspect. Tous les grains attaqués surnagent dans l'eau ; c'est le seul moyen de les reconnaître.

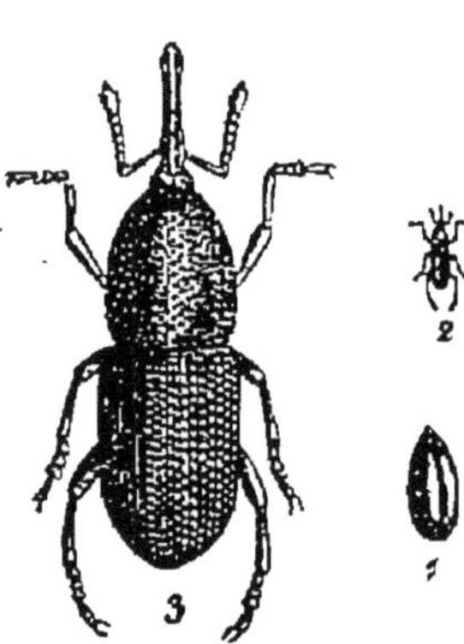

Fig. 105.
Charançon du blé.

Une mère peut produire par an plus de 20,000 individus. Ce chiffre donne une idée des ravages qui peuvent être produits par les charançons.

Certaines plantes à odeur forte, telles que l'absinthe, la lavande, ont la propriété d'éloigner ces insectes. — Il faut en outre aérer fréquemment, car les charançons craignent le froid, qui les engourdit et les empêche de se reproduire. On peut encore faire un petit tas de blé à côté du gros, et remuer très fréquemment le gros tas : les charançons, qui n'aiment pas à être dérangés, passent dans le petit tas en très grand nombre. On les fait périr en les plongeant dans l'eau bouillante.

297. Aiguillonnier ou saperde (Taille 10 à 12 mm.). — On reconnaît ces insectes à leurs antennes au moins aussi longues que le corps et toujours de *douze articles*.

Cet insecte s'attaque de préférence au blé de Saint-Léonard. Il est commun surtout aux environs d'Angoulême.

La saperde creuse un trou à la partie supérieure du chaume et dépose un œuf. La larve sortie de cet œuf ronge l'épiderme intérieur du chaume et descend en coupant les nœuds ; elle s'arrête à 3 ou 4 centimètres de terre. L'épi, n'étant plus nourri, dépérit et meurt. Le plus souvent, le vent le brise.

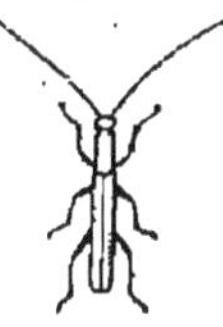

Fig. 106.
Saperde.

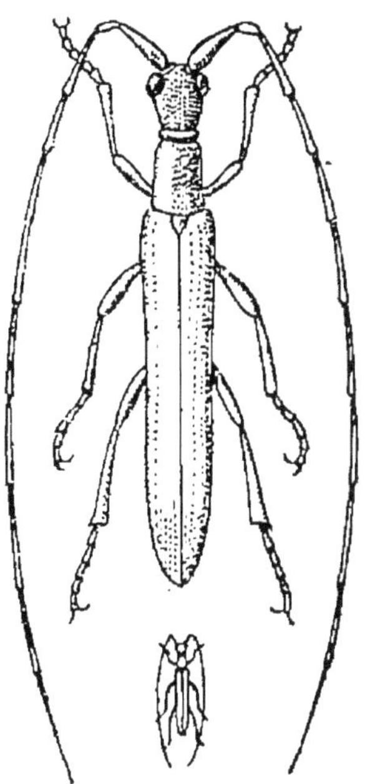

Fig. 107.
Calamobie, genre saperde.

Le blé, attaqué par cet insecte, est dit *aiguillonné*. La perte peut aller jusqu'au quart de la récolte.

Le moyen de destruction est indiqué ; après la récolte du blé, il faut arracher les chaumes et les brûler. On détruit ainsi les larves, et par suite les insectes parfaits.

298. Zabre ou carabe bossu. — On le reconnaît à ses élytres striées ; il est aussi plus clair en dessous qu'en dessus. — Comme le hanneton, cet insecte est nuisible à l'état parfait et sous la forme larvaire. La larve est rousse sur les côtés et en dessous, avec de fortes mâchoires et deux antennes de quatre articles. Elle ronge les racines et la tige du blé et se nourrit de la moelle.

A l'état parfait, l'insecte grimpe le long des chaumes et ronge les épis. En 1776, il dévasta toutes les campagnes de la Haute Italie; en 1858, aux environs de Hux, en Belgique, le zabre détruisit dans sept communes 114 hectares de seigle sur 157.

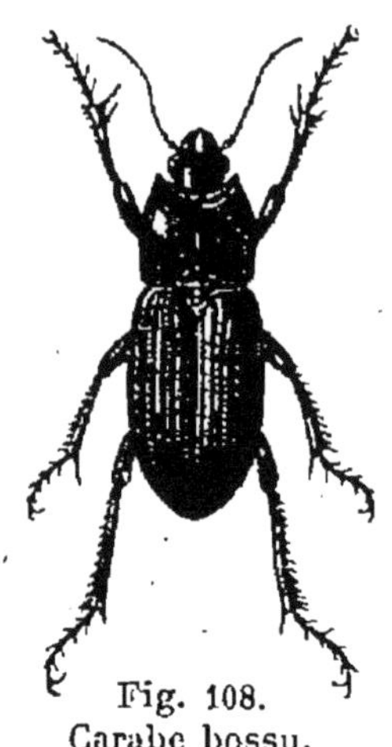

Fig. 108.
Carabe bossu.

Les corneilles, chouettes et engoulevents sont des oiseaux très friands de cet insecte. — Contre la larve, on préconise les déchaumages et labours, qui la blessent ou la ramènent à la surface du sol, où elle peut être détruite ou mangée par les oiseaux. Après ce labour, ou pendant la nuit, quand les larves sortent de terre, on peut passer sur le sol un rouleau Croskill, qui blesse ou tue ces larves. — Enfin, on peut aussi semer sur la terre, au printemps, des cendres de tourbe et de chaux.

299. Alucite ou teigne des grains. — Cet insecte a parfois causé de terribles ravages dans la région qui s'étend entre la Touraine, le Nivernais et la Charente. Il n'a guère dépassé la Loire.

A l'état parfait, l'insecte est un papillon de 6 à 8 millimètres de longueur. Ces papillons sont parfois si nombreux qu'ils forment de véritables nuées. Ils s'attaquent au blé sur pied, dont le grain est formé, ainsi qu'au blé récolté dans les greniers.

Chaque papillon dépose un œuf dans chaque grain de blé; de cet œuf sort une larve de couleur rouge vif et d'environ un millimètre de longueur. Cette larve ronge la farine du grain sans en changer l'aspect. Le papillon pond deux fois, à raison de 100 œufs environ par ponte. En serrant à la moisson dans la main des épis alucités, on en extrait un liquide blanchâtre et visqueux, formé par le corps des chenilles broyées. Les grains alucités surnagent dans l'eau ; les animaux refusent de les manger, et la farine qu'ils donnent a un goût de vermine.

Les chauves-souris et les engoulevents font une ample consommation de ces papillons, qu'on peut encore détruire en allumant, la nuit, des feux de broussailles où ils viennent se brûler.

Contre la chenille, on emploie les procédés suivants : 1° on chauffe bien régulièrement les grains à 50°, en ayant soin de ne pas les porter à 60° ou à 70° : car on détruirait ainsi la faculté germinative et on commencerait à décomposer le gluten. On se sert pour cela d'un appareil à peu près identique à celui qu'emploient les épiciers pour torréfier le café ; — 2° on peut aussi soumettre les grains alucités à l'action des vapeurs de sulfure de carbone dans le vide.

Fig. 109. — Alucite.

Il faut battre le plus tôt possible les gerbes alucitées et ne pas employer les grains comme semences.

300. Ver des blés ou fausse teigne des grains. — Le papillon vit surtout dans les champs, et la chenille vit, comme celle de la teigne, dans les champs ou les greniers. Mais, tandis que la chenille de la teigne vit dans l'intérieur du grain et n'en sort qu'à l'état de papillon, la chenille de la fausse teigne sort du grain quand il est remué, et vit surtout dans une espèce de fourreau qu'elle se forme en agglutinant ensemble deux ou trois grains au moyen d'une coque soyeuse, autour de laquelle se trouvent des excréments cendrés. La chenille perce un petit trou à l'extérieur du grain de blé, pénètre à l'intérieur, et mange le contenu du grain. Quand elle se change en chrysalide, elle abandonne son fourreau et monte le long des murs; on dit que le *ver monte*. — Les papillons provenant des chrysalides empoisonnent de nouveau le tas, qui commence à être attaqué dans les premiers jours d'août. Un tas attaqué se reconnaît assez facilement à ce fait qu'il se recouvre d'une espèce de calotte, épaisse de 5 ou 6 centimètres et formée par les grains agglutinés. Le blé est alors perdu, car il est échauffé.

On détruit les chenilles lorsqu'elles grimpent le long des murs. On peut encore enfermer dans le grenier des bergeronnettes, qui en mangent de grandes quantités. On remue fréquemment le tas, pour gêner et écraser les chenilles. Enfin, le meilleur procédé consiste à nettoyer scrupuleusement le grenier et à envoyer tout le blé au moulin. On balayera les murs et on s'abstiendra de remiser du blé l'année suivante dans le grenier ainsi nettoyé.

301. Pucerons du blé, du colza. — Tous les pucerons se reconnaissent aux deux cornes qu'ils portent à l'extrémité de leur abdomen. De ces deux cornes coule un liquide doux et sucré, très aimé des fourmis.

Les pucerons sont prodigieusement féconds. Tout l'été, et jusqu'à l'automne, la mère pond de quinze à vingt petits par jour, et, chose extrêmement remarquable, ces petits naissent vivants et sont tous des femelles, qui, à peine nées, se mettront, elles aussi, à

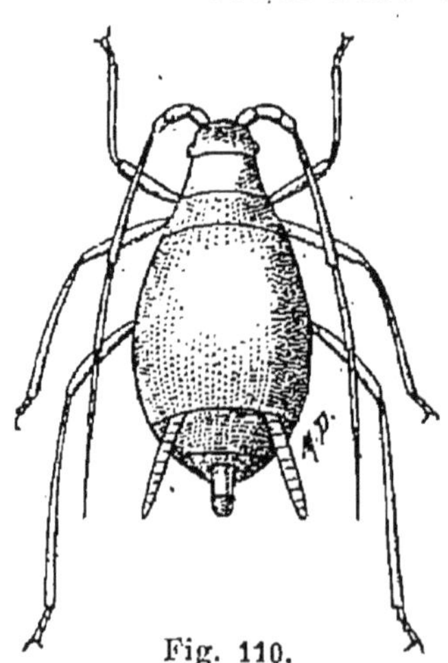

Fig. 110.
Puceron.

pondre sans être fécondées. Seule, la dernière génération d'automne donne des œufs qui éclosent au printemps suivant et produiront soit des mâles, soit des femelles. Ces mâles et femelles s'accoupleront et le cycle recommencera.

Les pucerons sont nuisibles : 1° par leurs piqûres, qui provoquent le dessèchement des feuilles et des jeunes rameaux; la femelle pique la feuille pour attirer la sève; 2° par les déformations qu'ils occasionnent sur les feuilles; ils y produisent des vésicules ou fausses galles, dans lesquelles ils sont enfermés en grand nombre; 3° par le liquide gluant qu'ils secrètent et qui, attirant la poussière, bouche les pores des feuilles.

Heureusement ces insectes ont beaucoup d'ennemis : 1° les oiseaux; 2° les coccinelles; 3° une larve d'une mouche du genre sirphe, laquelle pique le puceron, le suspend en l'air par un mouvement identique à celui d'une poule qui boit, et le suce complètement. Cette larve en dévore d'énormes quantités.

Pour détruire les pucerons, il faut : 1° enlever les galles; 2° supprimer les branches atteintes ou les asperger avec de l'eau salée; 3° asphyxier l'insecte par la fumée de tabac.

302. **Taupins.** — Sur leur thorax, les taupins ont une espèce de pointe, pénétrant dans une cavité située en arrière. L'animal peut redresser cette pointe par un effort violent et projeter son corps en l'air. Voilà pourquoi on l'appelle *maréchal, toque-marteaux*, etc. C'est au moyen de sauts que le taupin se remet sur ses pattes. Ces exercices exigent une texture très dure.

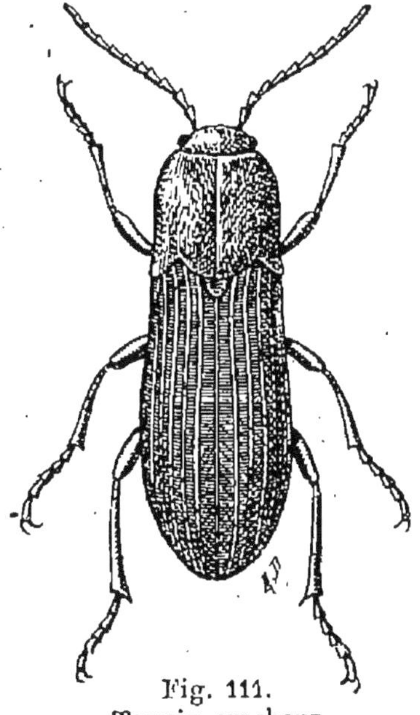

Fig. 111.
Taupin cracheur.

Quatre espèces de taupins attaquent le blé : le *taupin*

cracheur, le *taupin obscur*, le *taupin à lignes* et le *taupin maréchal*. On voit des taupins sur les champs de blé, mais leurs larves surtout sont nuisibles, parce qu'elles attaquent la racine et les tiges souterraines du froment.

Ces larves passent cinq ans sous terre.

La taupe et les oiseaux

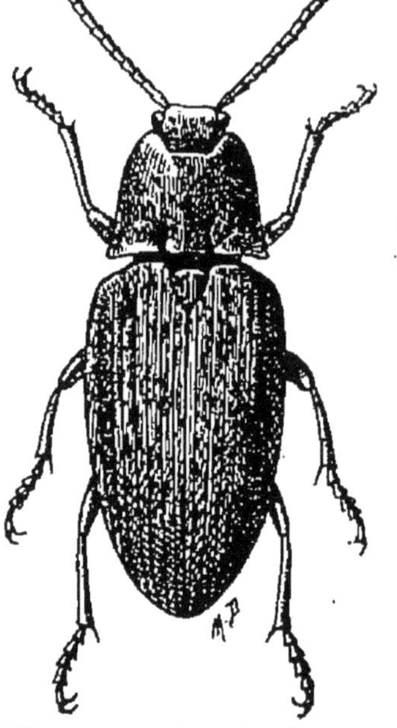

Fig. 112. — Taupin obscur.

Fig. 113. — Taupin maréchal

insectivores sont les plus grands ennemis des taupins. Les tourteaux de colza ont, paraît-il, la propriété d'éloigner les larves. On les divise en fragments de la grosseur d'une noisette et on les enterre par un labour.

303. **Chlorops.** — Le chlorops est de couleur jaune ; ses gros yeux sont d'un vert brillant ; il a des raies noires sur le dos. Vers le commencement de juin, la femelle dépose un œuf à la base de l'épi du blé. Quinze jours après, la larve éclôt ; elle ronge le chaume en y creusant un sillon longitudinal extérieur, qui va depuis la base de l'épi jusqu'au premier nœud. Alors la larve se transforme en nymphe et au mois de septembre en insecte parfait. Cet insecte parfait pond sur les blés qui sortent de terre à ce moment et les nouvelles larves écloront au mois de mai

suivant. Le blé attaqué par l'insecte provenant de l'œuf d'automne est en retard de moitié sur le blé non attaqué.

Les chlorops attaquent aussi l'orge et le seigle.

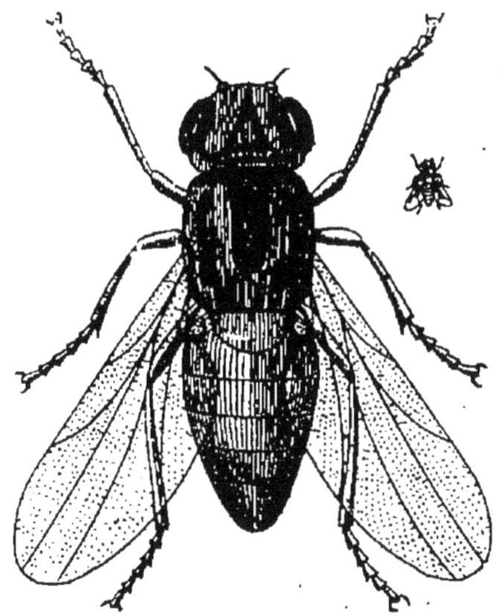

Fig. 114. — Chlorops.

Pour la destruction, il convient de varier et d'alterner les cultures, d'arracher et de brûler les chaumes attaqués. Un ichneumon (alyse d'olivier) dépose ses œufs dans la larve du chlorops.

CHAPITRE XXXI

Insectes nuisibles *(suite)*.

304. 4° Insectes nuisibles à la vigne. Eumolpe de la vigne ou gribouri ou écrivain. — On le reconnaît à sa longueur (6^{mm}), à sa tête petite cachée sous le corselet, à ses élytres rougeâtres et à ses pattes noires. Les larves de cet insecte coupent les radicelles de la vigne, et creusent sur les petites racines des sillons longitudinaux où elles se réfugient pendant l'hiver. En été, quand les bourgeons sont développés, l'écrivain apparaît, ronge les feuilles des jeunes pousses et les grappes nouvellement formées. Les déchirures qu'il fait alors sur les feuilles ressemblent aux lettres de l'alphabet; c'est pourquoi on l'appelle

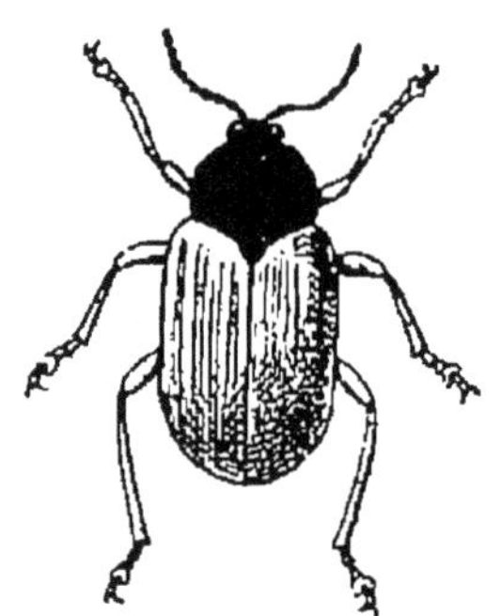

Fig. 115. — Eumolpe.

écrivain. Quand on l'approche, l'insecte se laisse tomber et fait le mort.

Le moyen le plus efficace pour s'en débarrasser consiste à agiter les ramifications de la vigne et à recueillir les gribouris dans un entonnoir, dont le tube se déverse dans un sac. On les détruit ensuite par l'eau bouillante. On opère de préférence le matin, quand l'insecte est engourdi, et en marchant dans la direction du soleil, pour que l'ombre projetée ne dérange pas l'écrivain, qui se laisserait tomber sur le sol.

305. Pyrale de la vigne. — Cette chenille est un terrible ennemi de la vigne. Elle a une longueur de 18 à 20^{mm}, une tête brune, et le reste du corps vert jaunâtre. Elle ne sort que la nuit. Elle apparaît au mois de juin ; elle dévore tige, fleurs, feuilles et agglutine le tout en paquets qui se dessèchent. La chrysalide est brune, elle se trouve enroulée dans la feuille qu'elle occupait à l'état de chenille. Le papillon apparaît au mois d'août. La femelle dépose ses œufs à la surface des feuilles ; vingt jours après, l'œuf éclôt et la chenille qui en sort se réfugie l'hiver sous l'écorce des ceps ou dans les fentes des échalas en s'enveloppant d'une coque soyeuse.

La pyrale est facile à détruire sous ses trois formes. Ses œufs, déposés à la surface des feuilles et recouverts d'un mucilage verdâtre, sont aisés à recueillir. Les chenilles et chrysalides, vivant dans des feuilles roulées en paquets avec des grappes liées par de la soie, peuvent être facilement détruites. Enfin, on peut atteindre la chenille engourdie l'hiver : pour cela, on échaude les ceps ou on ébouillante les échalas. L'eau bouillante, versée sur le cep de manière à ne pas mouiller les yeux des coursons et des vinées, tue la chenille qu'elle touche. Enfin, le papillon vient se brûler à des feux allumés le soir.

306. Rhynchites ou attelabes (vulgairement *bêche, lisette, coupe-bourgeons,* etc.). — On les reconnaît surtout à leurs antennes insérées sur la trompe. Trois espèces de rhynchites sont surtout nuisibles à la vigne : le rhynchite Bacchus, le rhynchite du peuplier et celui du bouleau.

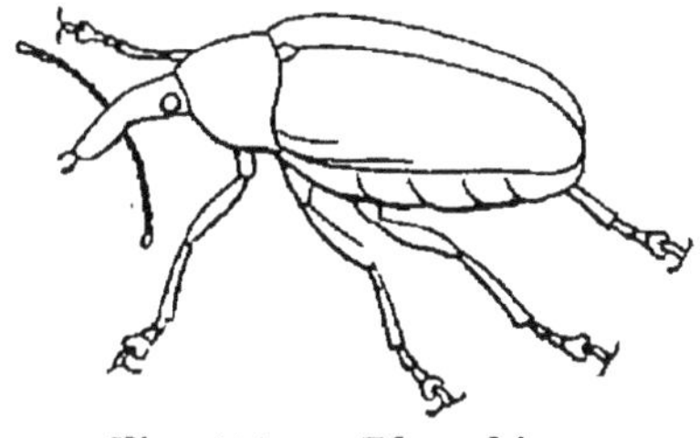

Fig. 116. — Rhynchite.

A l'état parfait, la femelle coupe le pédoncule de la feuille, enroule celle-ci en cigare et dépose un seul œuf dans la cavité. La larve qui naît de cet œuf vit aux dépens de la feuille, qui se flétrit, parce qu'elle ne reçoit plus assez de sève, et parce qu'elle est rongée par la larve. Le raisin se trouve alors exposé aux rayons du soleil ; il se dessèche au lieu de mûrir, sans compter que les fonctions de nutrition de la vigne sont altérées par la perte des feuilles.

Le rhynchite Bacchus coupe aussi le pédoncule des grappes.

Le meilleur moyen de destruction consiste à enlever les feuilles enroulées en cigare et à les brûler ensuite. L'opération peut se faire en deux fois dans le mois de juin.

307. Phylloxera vastatrix. — Le phylloxera est un insecte extrêmement redoutable pour la vigne. Notre récolte en vin qui était, il y a vingt ans, d'environ 50 millions d'hectolitres par an, était, il y a deux ou trois ans, descendue à 25 millions d'hectolitres en moyenne. En évaluant le prix de l'hectolitre à 25 francs, on voit que le phylloxera fait perdre chaque année à la viticulture française environ 425 millions de francs. Certains économistes sont allés jusqu'à 600 ou 700 millions.

Voici en quelques mots les mœurs de cet insecte. On va voir qu'elles sont assez compliquées.

Fig. 117. — Phllloxera vu de profil.

Partons de la saison du printemps. Vers le 15 avril, on trouve sur les racines des *femelles sans ailes* ou *aptères.* Ces femelles pondent tous les jours, et sans être fécondées, environ 10 à 15 œufs jaunes d'abord, puis grisâtres. Au bout de huit jours, chaque œuf donne naissance à une larve qui, après avoir subi trois mues dans l'espace de quinze jours, donne une femelle aptère identique à celle d'où elle provient. Cette femelle se met à pondre à son tour, toujours sans être fécondée et, vingt jours après, ses œufs donnent de nouvelles femelles aptères, de sorte que huit générations peuvent se succéder durant la saison d'été et qu'une seule femelle aptère peut avoir en octobre une postérité de plus de 20 millions d'individus.

Fig. 118.
Philloxera vu en dessous.

Si ces femelles n'étaient point fécondées, l'espèce finirait par s'affaiblir et par disparaître. Mais en juin ou juillet, un certain nombre des femelles aptères vivant sur les racines poussent des rudiments d'ailes, sur un fourreau. Alors elles se changent en nymphes et, en août et septembre, ces nymphes donnent des insectes parfaits, possédant quatre ailes claires, à reflets irisés et de gros yeux noirs à facettes. Ce sont les femelles ailées migratrices, qui sortent du sol, voltigent en essaims nombreux sur les vignes, et vont disséminer le fléau au loin.

Fig. 119.
Femelle ailée migratrice.

Ces femelles ailées migratrices vont pondre, toujours sans être fécondées, dans le duvet des feuilles, sous les exfoliations de l'écorce, ou dans les couches superficielles du sol, selon que la saison est plus ou moins avancée. Leurs œufs sont de deux grosseurs : on distingue les gros œufs jaunes et les petits œufs jaunes.

En automne, les gros œufs donnent des femelles aptères et les petits des mâles, aptères aussi. Ces femelles et ces mâles ne mangent pas : ils n'ont pas de tube digestif, et leur but est uniquement de perpétuer l'espèce. On les voit courir sur les pampres : c'est le phylloxera errant. La femelle pond, après l'accouplement, sous les exfoliations de l'écorce, *un seul œuf* de couleur vert olivâtre. C'est *l'œuf d'hiver*, qui éclôt en avril.

Fig. 120. — Œufs de phylloxera.

A cette époque, ces œufs d'hiver donnent à nouveau des femelles aptères. Certaines de ces femelles descendent sur les racines, et le cycle recommence comme au 15 avril; d'autres se portent sur les feuilles, où elles forment des galles dans lesquelles se trouve une mère entourée de ses œufs. Ces galles se remarquent surtout sur les vignes américaines.

A son tour le phylloxera des galles donne en été deux séries d'individus, formant une nouvelle bifurcation. Une première série de femelles reste sur les feuilles dont elles sucent la sève, et se transforment en nymphes, puis en phylloxeras ailés en juillet; une deuxième série de femelles aptères redescend vers les racines et le cycle recommence encore une fois. Le tableau suivant résume ces transformations.

TRANSFORMATIONS DU PHYLLOXERA VASTATRIX
donnent des femelles ailées migratrices voltigeant sur les vignes et donnant 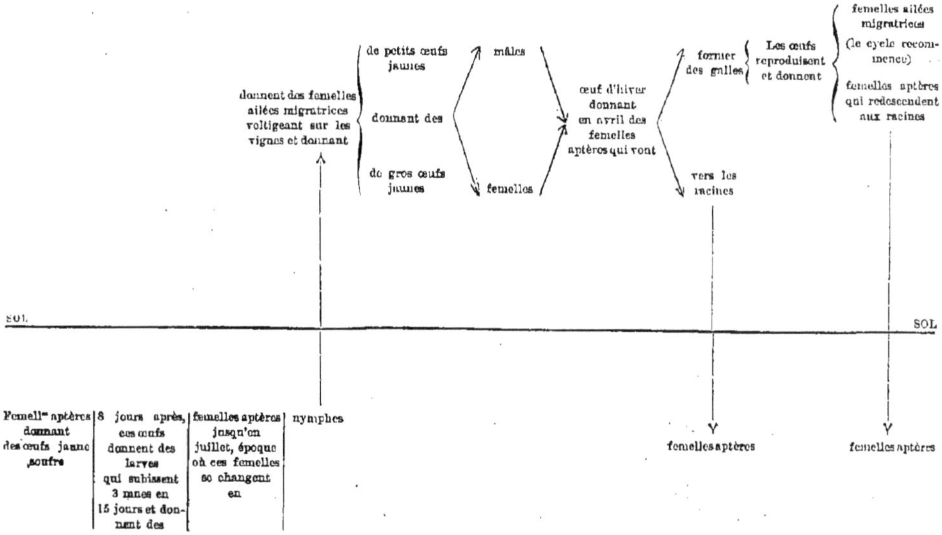
de petits œufs jaunes
donnant des
de gros œufs jaunes
mâles
femelles
œuf d'hiver donnant en avril des femelles aptères qui vont
former des galles
vers les racines
Les œufs reproduisent et donnent
femelles ailées migratrices (le cycle recommence)
femelles aptères qui redescendent aux racines
SOL
SOL
Femell⁰ aptères donnant des œufs jaune soufre
8 jours après, ces œufs donnent des larves qui subissent 3 mues en 15 jours et donnent des
femelles aptères jusqu'en juillet, époque où ces femelles se changent en
nymphes
femelles aptères
femelles aptères

308. D'après ce qui vient d'être dit, le phylloxera nuit aux vignes parce qu'il commet des dégâts sur les racines et sur les feuilles. Le phylloxera fait naître sur les radicelles des renflements noirs qui finissent par tomber en poussière, puis les racines secondaires sont attaquées, enfin les grosses racines, dont la surface devient noueuse. Les racines pourrissent ainsi petit à petit ; les tiges deviennent rachitiques et les feuilles jaunissent. Enfin les phylloxeras vivant sur les feuilles en sucent la sève. — On reconnaît qu'un vignoble est attaqué, quand il se trouve de place en place des *taches* produites par la mort des ceps, ou leur aspect maladif, et par la couleur jaune des feuilles.

309. On peut chercher à détruire soit l'œuf d'hiver, soit les femelles aptères vivant sur les racines. On peut enfin chercher des variétés de vignes capables de résister aux attaques de l'insecte.

1° *Destruction de l'œuf d'hiver.* — Contre l'œuf d'hiver, qui se trouve dans l'écorce crevassée au-dessus du sol, on conseille d'ébouillanter les ceps comme pour la pyrale, ou de les badigeonner à la fin de l'hiver avec un mélange contenant : huile lourde, 20 parties ; naphtaline, 30 parties ; chaux vive, 100 parties ; eau, 400 parties (M. BALBIANI). Il faut avoir soin, en faisant le mélange, de ne pas l'enflammer. On fait fondre la naphtaline à 79° sur un feu doux sans flamme. —Il faut avoir soin aussi de décortiquer les vieilles écorces, pour que le mélange, qui forme un enduit à la surface du cep, pénètre dans tous les interstices de l'écorce.

2° *Destruction des femelles aptères des racines.* — Les procédés employés sont mécaniques ou chimiques. Parmi les procédés mécaniques, on cite la *submersion* et l'*ensablement*.

La submersion consiste à laisser séjourner sur la surface du sol une épaisseur d'eau de 30 ou 40 centimètres pendant trente ou quarante jours. On irrigue à l'aide de pompes centrifuges ou de canaux de dérivation. La submersion donne de très bons résultats. Elle a lieu en hiver.

L'ensablement consiste à déchausser le pied des ceps et à remplir le trou avec du sable. Mais le transport de ce sable est assez coûteux. Les vignes poussant dans les terrains très sableux, comme à Aigues-Mortes, ne sont presque pas attaquées par le phylloxera.

Parmi les procédés chimiques, nous citerons l'emploi du sulfure de carbone et du sulfocarbonate de potasse. On se sert, pour introduire le sulfure de carbone dans le sol, d'un instrument appelé *pal injecteur.* Ce pal est une espèce de seringue très forte, et dont le cylindre porte du côté de la tige du piston deux manches permettant d'enfoncer la lance de la seringue dans le sol. A l'aide d'anneaux enfilés sur la tige du piston, on peut augmenter ou diminuer la course de ce dernier et introduire dans la terre plus ou moins de sulfure de carbone. On donne 20,000 coups de pal à l'hectare, dont 2 par mètre carré, et on dépense de 200 à 350 kilos de sulfure de carbone. On sulfure en février, mars, ou avril, quand la gelée ni la pluie ne sont à craindre.

Le sulfocarbonate de potasse agit comme le sulfure de carbone ; il a de plus l'avantage de donner aux vignes de la potasse. On emploie environ 300 kilos de ce sel à l'hectare, ce qui occasionne une dépense de 250 francs environ, mais l'engrais potassique introduit dans le sol a une valeur d'environ 50 francs.

3° *Emploi de vignes américaines.* Enfin les vignes américaines sont beaucoup moins sensibles que nos vieilles vignes françaises à l'action du phylloxera. On greffe donc des vignes françaises sur des plants américains ou on cultive des variétés américaines produisant sans greffage. Les plants ordinairement choisis sont le Riparia, l'Othello, le Noah, etc. (Voir *Viticulture*, 2ᵉ année.) On doit choisir le plant qui convient le mieux à la nature du sol.

310. 5° Insectes nuisibles aux arbres fruitiers : Guêpe commune. — Elle fait un tort considérable aux fruits, sans compter qu'elle est un voisin incommode et parfois dangereux. Il ne faut jamais mordre dans un fruit fraîchement cueilli : celui-ci pourrait contenir une guêpe dont la piqûre au gosier entraînerait peut-être la mort. L'année 1893 a été remarquable par l'abondance des guêpes.

On détruit leurs nids à l'aide de l'eau bouillante ou de la benzine. On les asphyxie à l'aide de mèches sulfureuses. On les tue encore par le procédé suivant : on enduit de miel deux planches disposées comme l'indique la figure 121. En tirant la ficelle *a*, la planche *b* retombe et écrase les insectes situés par-dessous.

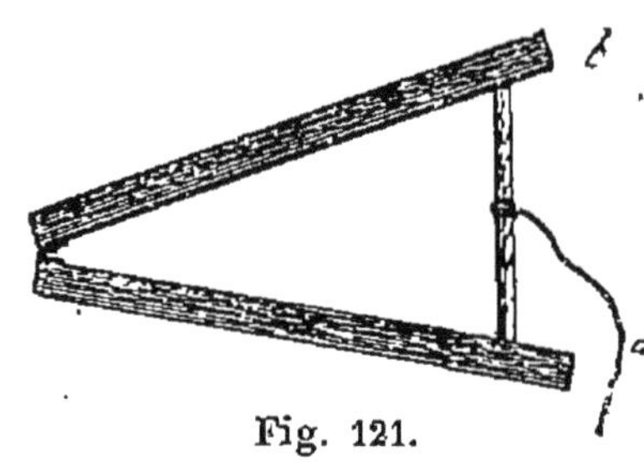

Fig. 121.

311. Fourmi noire. — La fourmi noire établit son nid sur le bord des routes, dans les champs, mais quelquefois aussi sous les arbres. Ses galeries, passant sous les racines, causent souvent la mort du végétal. De plus, elle mange les fruits avant leur maturité.

On détruit les fourmis en versant sur leurs nids de l'eau bouillante. On peut aussi placer près de l'arbre une bouteille enduite d'eau miellée, dans laquelle elles viennent se noyer. Enfin, on peut également entourer l'arbre de laine enduite de goudron.

312. Pyrale des pommes, des poires, des prunes, des châtaignes. — La chenille de la pyrale des pommes et poires vit dans l'intérieur de ces fruits et les rend véreux. Le plus souvent la présence de la chenille n'est pas aperçue au dehors.

Il en est de même pour la pyrale des prunes et des châtaignes. On ne sait comment se débarrasser de ces insectes. Il faut consommer les fruits le plus tôt possible.

313. Ecaille à queue d'or. — La chenille de cet insecte est très commune : elle vit sur tous les arbres, dont elle ronge les feuilles, mais plus particulièrement sur les arbres fruitiers. La femelle du papillon pond sur les feuilles 300 ou 400 œufs enveloppés d'une coque de soie jaune. Les chenilles qui en sortent, brunes et velues, vivent en commun et se construisent un nid où elles passent la nuit. Les nids de chenilles sont facilement reconnaissables; ils forment de gros paquets blancs et soyeux le long des branches.

Pour s'en débarrasser, on coupe la branche et on la brûle, ou mieux on badigeonne l'arbre avec une solution au $^1/_{10}$ de jus de tabac ou de nicotine.

314. Livrée des jardiniers. — La chenille se reconnaît facilement : elle est marquée sur le dos de raies longitudinales de différentes couleurs. Ces chenilles vivent en société et se construisent un nid, qu'il faut au printemps enlever et brûler.

Les œufs sont déposés sur les branches par la femelle du papillon, qui les arrange en forme de spirale ou d'anneau.

315. Puceron lanigère. — Le puceron lanigère, importé d'Amérique, cause de grands ravages sur les pommiers. Le meilleur moyen pour s'en débarrasser consiste à sacrifier les branches qui en sont chargées, à frotter les autres avec une brosse de chiendent pour tuer l'insecte, à badigeonner l'écorce de l'arbre, à partir du sol, avec un lait de chaux. On emploie encore contre lui la lotion suivante :

Eau	5 litres
Pétrole	1 litre
Savon noir	500 grammes

On badigeonne l'arbre avec un pinceau.

316. Insectes divers. — Les arbres fruitiers sont encore attaqués par d'autres insectes, tels que les larves de cèphes, les mouches à scie, le grand paon de nuit, l'hyponomeute du pommier, etc. Voici quelques procédés qui permettront d'en détruire un grand nombre.

Mouiller les toiles des chenilles avec une éponge imbibée d'une solution de pétrole au $1/8$ (opérer le matin quand les chenilles sont rassemblées).

Saupoudrer la tige avec de la fleur de soufre; les arroser d'eau de savon, d'eau phéniquée;

Badigeonner les tiges au lait de chaux; employer contre les chenilles la solution au $1/10$ de jus de tabac.

Enfin, avoir soin, au printemps, d'arracher les mousses qui poussent le long des tiges et de les brûler; lisser ensuite l'écorce de l'arbre et la badigeonner à la chaux.

CHAPITRE XXXII

Insectes nuisibles *(suite)*.

317. 6° Insectes nuisibles aux arbres forestiers. Bombyx processionnaire. — Les chenilles causent de grands dégâts sur les chênes. On ne les voit jamais qu'en troupes, d'où le nom de *processionnaire* donné à ce bombyx. Ces chenilles sont parfois si abondantes sur les chênes qu'elles recouvrent l'arbre entier comme d'un manchon. Il est alors très dangereux de les approcher, parce qu'elles coupent avec leurs mandibules les poils fins dont leur corps est couvert; ces poils forment de petits nuages et provoquent, lorsqu'ils sont introduits dans les voies respiratoires, des inflammations dangereuses.

Fig. 122. — Bombyx processionnaire.

Pour s'en débarrasser, il faut lancer sur l'arbre des jets d'un mélange d'huile lourde de goudron et d'eau et détruire les nids qui se trouvent à la base des grosses branches du chêne. Le calosome sycophante dévore un grand nombre de ces chenilles.

Le processionnaire du pin n'attaque que les arbres résineux. Il faut brûler les nids au printemps.

318. Gât, cossus du bois. — La chenille est de la grosseur du doigt, rougeâtre, et marquée de lignes transversales rouge vif. Elle exhale une odeur désagréable.

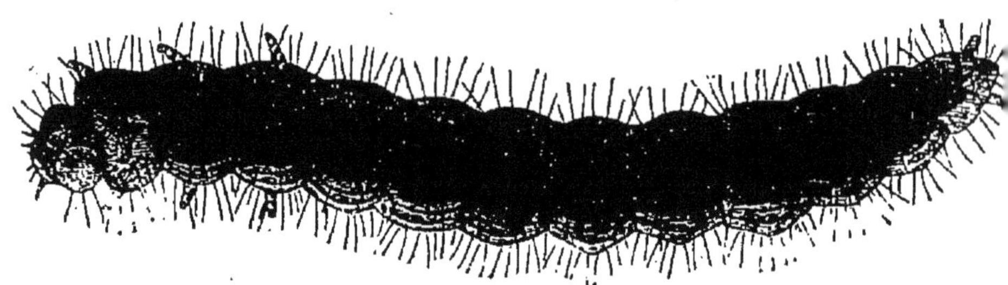

Fig. 123. — Gât.

Elle ronge l'écorce des saules, ormes, peupliers, chênes, et creuse dans le bois des galeries en zigzags. Le papillon pond en juin ou juillet sur les arbres. Il est blanc grisâtre.

Les œufs se trouvent à la base des arbres. Quand ils éclosent, les chenilles sont réunies ensemble, et les galeries sont peu profondes. On peut faire sortir les chenilles des galeries et en détruire un certain nombre.

319. Miellat. — La partie supérieure des feuilles de l'érable, du tilleul, est quelquefois recouverte en été d'un vernis brillant appelé *miellat*. — Ce vernis est produit par le suc rejeté par les pucerons, au moyen des deux cornes de leur abdomen. Certains champignons microscopiques poussent dans le miellat et communiquent aux feuilles une couleur noire. — Le moyen de l'éviter, c'est de faire la chasse aux pucerons.

320. Termite lucifuge. — Cet insecte a fait des ravages surtout près d'Angoulême. Il s'attaque aux forêts, aux bois de construction, aux poutres des maisons; la préfecture de la Rochelle en fut, dit-on, envahie.

Il faut sulfater ou créosoter les bois de construction;

il est difficile d'indiquer des remèdes pour les arbres attaqués sur pied. On pourra toutefois enlever les plantes grimpantes, les mousses, et badigeonner l'arbre à la chaux.

321. Buprestes. — Le *bupreste brillant*, de couleur verte dorée, s'attaque aux peupliers; le *bupreste rutilant*, de couleur pourpre avec des points noirs, s'attaque surtout à l'orme et au tilleul. Les larves rongent le liber de ces arbres. On s'en débarrasse assez difficilement; on peut toutefois enlever l'écorce et badigeonner l'arbre de coaltar. Lorsque dans une allée de tilleuls des arbres se trouvent trop sérieusement attaqués, il faut les sacrifier

322. Capricornes. — Les larves de ces insectes creusent dans le bois de profondes galeries. On n'a contre eux aucun moyen de défense. Les pies sont les plus grands ennemis de ces insectes.

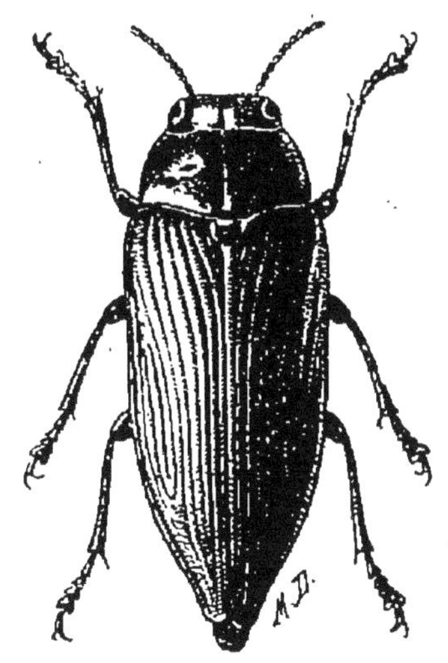

Fig. 124. — Bupreste.

323. Scolytes. — La larve et l'insecte parfait du *scolyte destructeur* vivent sous l'écorce de l'orme, quelquefois en quantités innombrables. Les plus beaux arbres périssent par leurs ravages. Pour arrêter ces ravages et éloigner l'insecte, il faut enlever l'écorce externe et rugueuse des arbres.

Plusieurs autres variétés de scolytes rongent le chêne, le bouleau, le pin. Cet insecte est très vorace, il creuse sous l'écorce des arbres une longue galerie verticale; de cette galerie, qui va en s'amincissant vers le haut, partent d'autres galeries horizontales terminées en cul-de-sac. — Il faut immédiatement abattre les arbres atteints et les livrer au commerce ou au feu.

324. Lucane cerf-volant. — L'insecte est généralement connu. La larve creuse dans les bois de vastes galeries en laissant derrière elle une poussière fine analogue à la sciure, poussière composée en majeure partie de ses excréments.

On pourrait employer les injections au sulfure de carbone ou à la benzine.

325. Cantharides ou mouches d'Espagne. — Cet insecte est à la fois utile et nuisible. Desséché, il est utilisé en médecine, pour les vésicatoires. — A l'état parfait, ces insectes s'abattent quelquefois en mai ou juin sur les chênes, les troënes, les frênes,

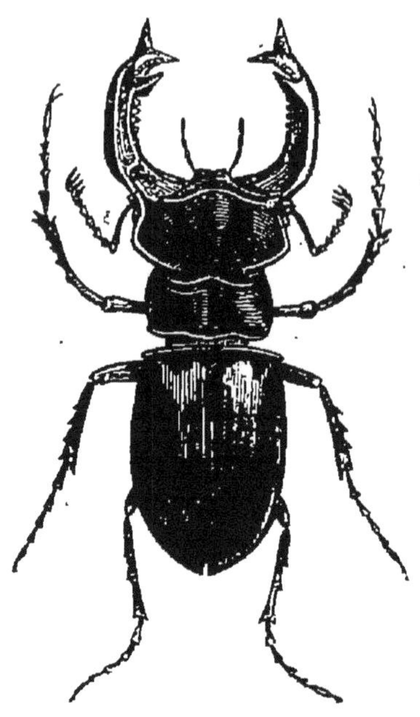

Fig. 125. — Lucane.

et en rongent toutes les feuilles.

Rien de plus facile que de les prendre : le matin, quand ils sont engourdis, on secoue l'arbre ou les branches et on les recueille sur un linge. En les plongeant dans du vinaigre, on les tue immédiatement.

Le commerce fait principalement venir les cantharides d'Espagne, d'où leur nom de mouches d'Espagne.

Il existe sans doute encore d'autres insectes nuisibles aux forêts, mais nous avons cité les principaux.

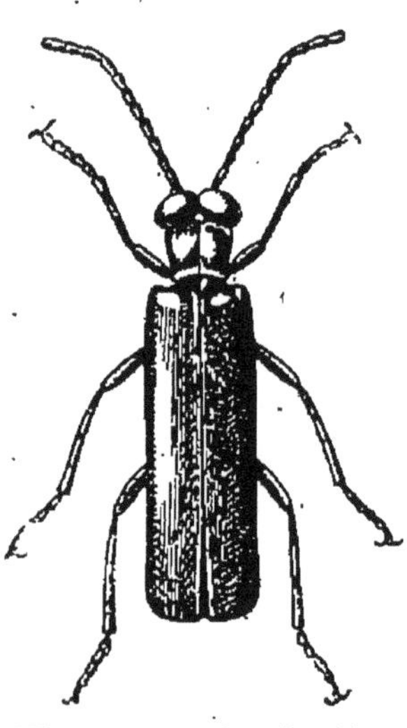

Fig. 126. — Cantharide.

326. 7° Insectes nuisibles à toutes les cultures. — Ce sont surtout les hannetons et les criquets.

327. Hannetons. — Tout le monde connaît cet insecte, au corps ramassé, aux élytres jaunes et aux antennes foliacées.

C'est vers la fin de mai que les hannetons apparaissent. Ils vivent sur les arbres, dont ils rongent les feuilles. C'est à ce moment qu'ils s'accouplent. Le mâle périt alors presque tout de suite ; quant à la femelle, elle s'enfonce sous terre, à 0^m20 ou 0^m30 de profondeur, et pond 20 à 40 œufs dans un trou en cul-de-sac.

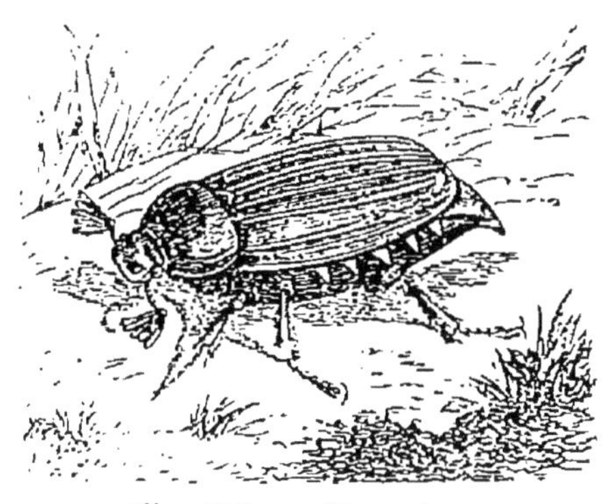
Fig. 127. — Hanneton.

Elle choisit de préférence les terres les plus riches et les mieux cultivées. Elle périt à son tour.

Cinq ou six semaines après la ponte, vers le 1er juillet, les larves sortent des œufs et restent trois hivers sous terre, comme l'indique le tableau suivant.

1re année	1er juill. 94-1er nov. 94. — Vie active de la larve.	1er été
	1er nov. 94-1er avril 95. — La larve s'engourdit et ne mange pas.	1er hiver
2e année	1er avril 95-1er nov. 95. — Vie active de la larve.	2e été
	1er nov. 95-1er avril 96. — Elle s'engourdit et ne mange pas.	2e hiver
3e année	1er avril 96-1er nov. 96. — Vie active de la larve.	3e été
	1er nov. 96-1er avril 97. — La larve s'engourdit, se change en nymphe et ne mange pas.	3e hiver
	1er avril 97-30 juin 97. — L'adulte se réveille et sort de terre.	4e été

Les larves sont connues sous le nom de *ver blanc*. Chaque année, au printemps, elles remontent vers les racines qu'elles rongent, et l'hiver elles se renfoncent sous terre. Vers la fin de l'été qui précède leur sortie de terre, c'est-à-dire à la fin du troisième été, les larves s'enfoncent plus profondément, et descendent à 1 mètre environ de la surface du sol. Elles passent l'hiver à l'état de *nymphes*, dans une loge dont les parois sont agglutinées par une bave qu'elles secrètent. Enfin, en mai, l'insecte parfait sort de terre.

Ce qui précède explique pourquoi les hannetons sont plus nombreux tous les trois ans, et pourquoi ils sont si nuisibles, puisqu'ils rongent les racines, à l'état larvaire, et les feuilles à l'état d'insectes parfaits. En 1835, on détruisit dans la Sarthe plus de 300 millions de hannetons.

Les moyens employés pour les détruire sont variés.

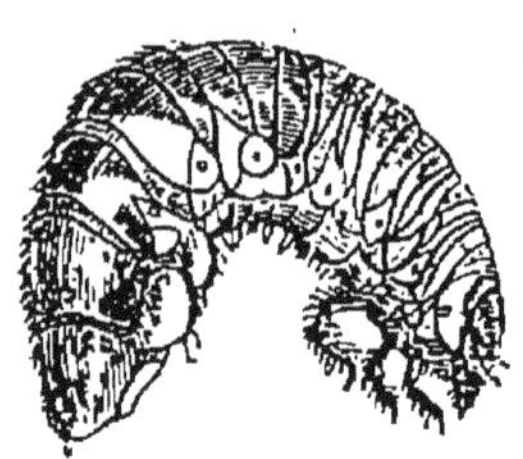

Fig. 128. — Ver blanc.

1° On peut ramasser les insectes à l'état parfait; si l'on secoue, par exemple, les arbres le matin, tous les hannetons tombent à terre. On les reçoit sur des bâches et on détruit les insectes en les jetant dans une fosse dans laquelle on intercale quelques lits de chaux. — Dans chaque commune ou chaque canton les cultivateurs pourraient former des syndicats de hannetonnage et payer quelques personnes âgées, même des enfants, pour accomplir cette besogne.

2° Les irrigations paraissent tuer les vers blancs.

3° On allume une veilleuse au fond d'un tonneau enduit de goudron. Les insectes, qui viennent voler autour de cette veilleuse, s'enduisent les pattes de goudron et tombent au fond du tonneau, où l'on peut les recueillir et les écraser.

4° En septembre, les déchaumages ou labours légers ramènent les larves à la surface du sol, où elles ne tardent pas à périr.

5° Ennemis du hanneton. — Ce sont : les oiseaux, corbeaux, pies, alouettes, mésanges, moineaux, etc., la taupe, qui détruit une grande quantité de vers blancs;

un ver solitaire, de la même famille que la filaire ou ver de méduse, qui vit dans les larves et peut avoir jusqu'à 12 centimètres de longueur; enfin des champignons parasites qui tuent l'insecte, et se répandent d'individu en individu, comme le choléra dans l'espèce humaine.

328. Criquets et sauterelles. — C'est de ces insectes que parle la Bible. En Egypte, en Algérie, les criquets sont parfois en nombre assez considérable pour former des nuages obscurcissant le ciel. Quand ces nuées s'abattent sur un champ, en quelques heures la récolte est complètement détruite. Les criquets ne volent presque pas : c'est le vent qui les entraîne, leurs ailes leur servent de parachute. Quand ils passent au-dessus d'une forêt, par exemple, ils replient leurs ailes et se laissent tomber sur les branches où ils s'accrochent. Les larves des criquets sont nuisibles également.

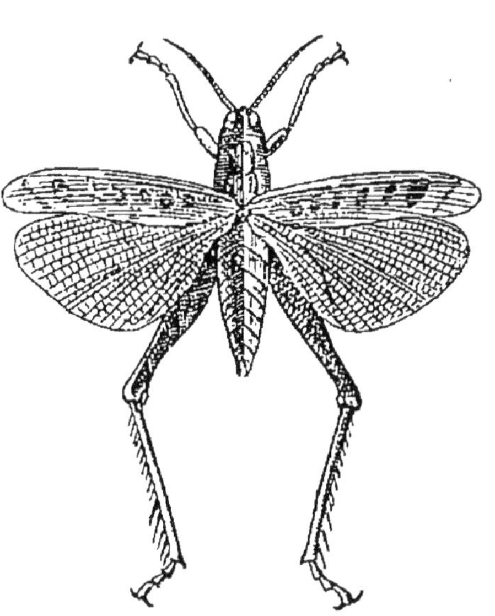

Fig. 129. — Criquet.

Les moyens de destruction sont nombreux, mais insuffisants. En Algérie, on cherchait à les éloigner par des bruits assourdissants, pour les empêcher de s'abattre; mais ce moyen ne fait que détourner le fléau. Le procédé le plus communément employé aujourd'hui pour les détruire consiste à fixer verticalement au-dessus du sol, et perpendiculairement à la direction suivie par les criquets, des bandes de toile clouées sur des pieux de distance en distance. La partie supérieure de ces bandes est surmontée d'un ruban d'acier ou de toile cirée, formant une paroi lisse. La partie inférieure repose en terre pour que les criquets ne passent pas par-dessous. Les criquets ne peuvent franchir la paroi lisse, et tombent dans un trou creusé au bas des toiles. On les extermine alors facilement. Leurs corps forment un bon engrais.

Lorsqu'on le peut, on détruit en les écrasant les œufs des criquets. Mais il faut pour cela connaître l'emplacemen des nids.

Chez nous, les criquets ne font pas de grands ravages : les labours ramènent les œufs à la surface du sol, où ils sont dévorés par les oiseaux ; ou bien les labours enterrent les œufs plus profondément, ce qui les empêche d'éclore. Enfin, les bestiaux écrasent dans les prairies beaucoup de criquets qui n'ont pas encore leurs ailes.

Dans nos contrées, les sauterelles ne produisent pas de dommages appréciables.

329. Tels sont, brièvement résumés, les mœurs des principaux insectes utiles ou nuisibles à l'agriculture et les moyens de destruction employés contre ces derniers.

Nous ne saurions trop engager les élèves à faire des collections d'insectes, sous la conduite de leur professeur.

CHAPITRE XXXIII

Horticulture fruitière et potagère.

330. Choix de l'emplacement du jardin fruitier et potager. — Le jardin fruitier doit être établi, autant que possible, près de l'habitation. Dans nombre de cas, il se confond avec le jardin potager. Il faut de préférence établir ces deux jardins séparément, excepté dans le midi de la France, où les arbres profitent des arrosages donnés aux légumes. De leur côté, ces derniers sont protégés contre les rayons chauds du soleil par l'ombre que produisent les arbres. Nous admettrons, dans le cours de ce travail, que le jardin potager et le jardin fruitier sont réunis.

L'emplacement du jardin fruitier et potager demande un sérieux examen : car si, d'une manière générale, les lieux élevés souffrent moins de la chaleur, le froid en revanche y est plus vif et ils sont ordinairement battus du vent; les changements de température s'y font brusquement sentir.

Les lieux bas ont aussi leurs inconvénients; l'air ne s'y renouvelle pas aussi facilement que dans les lieux élevés, et la chaleur y est souvent très forte. Un juste milieu est préférable ici comme en toutes choses.

331. Exposition. — Dans les pays froids, l'exposition au midi est préférable; l'exposition au nord vaut mieux pour les pays chauds. L'exposition sud convient surtout pour les récoltes du printemps et de l'automne. Les terres exposées à l'est craignent les gelées printanières ; celles exposées à l'ouest ont souvent à souffrir du vent ; enfin on recommande le sud-est comme la meilleure exposition.

332. Du sol. — Trois substances principales, comme nous l'avons vu, dominent dans le sol : l'argile, le sable et le calcaire.

La terre argileuse ne peut recevoir la culture fruitière et potagère qu'après avoir été amenée préalablement à un état de division par son mélange avec du sable ou du calcaire. Elle devient alors très productive sous l'influence combinée du travail auquel elle est soumise et des engrais qu'on y apporte.

La terre sableuse donne ordinairement des produits peu abondants, mais d'excellente qualité. Elle réclame de fréquentes fumures et des arrosages copieux.

La terre calcaire ne convient pas à toutes les plantes ; elle décompose promptement les engrais et craint la sécheresse. Les plantes y sont moins précoces que dans les terres siliceuses.

La terre franche est celle qui réunit, en proportions à peu près égales, le sable, le calcaire et l'argile. Cette terre, qui n'est ni trop légère ni trop forte, s'échauffe régulièrement, absorbe les engrais avec modération et donne des produits abondants et de bonne qualité.

Sous-sol. — Pour l'étude du sous-sol, se rapporter à ce qui a été dit pages 25 et 26.

333. Terreau. — Le *terreau* provient de la décomposition des plantes avec ou sans mélange de matières animales. Quand il n'entre que des végétaux dans sa formation, il est plus léger et moins actif que celui dans lequel on rencontre des substances animales. Le terreau convient surtout pour les semis de graines fines, mais, à cause de sa grande légèreté, il ne peut donner appui aux plantes que pendant leur première croissance. Pour se procurer du terreau, on ramasse tous les débris de plantes que l'on peut trouver et on les fait pourrir dans un fossé. Après cinq ou six mois de séjour dans la fosse, on brasse et on retourne les détritus de manière à bien les mélanger. Le terreau peut être employé lorsque toutes les matières sont bien consommées, c'est-à-dire lorsqu'elles ont une consistance terreuse. On désigne sous le nom de *terreau mixte* celui qui est formé de matières animales et végétales. Il a une action plus énergique que l'autre.

334. **Terre de bruyère.** — La terre de bruyère est formée par un mélange de terreau végétal et de sable unis en proportions variables. Ce mélange s'opère naturellement dans les sols siliceux, où poussent les différentes espèces de bruyère.

La terre de bruyère s'emploie dans les serres et dans les jardins, où elle sert à la culture d'un grand nombre de plantes.

335. **Sols convenant aux différents arbres fruitiers.** — *Poirier*. Le poirier végète bien sur un terrain ferme, un peu argileux; il craint moins la sécheresse que l'humidité. Le poirier greffé sur cognassier préfère les endroits frais. Greffé *sur franc*, c'est-à-dire sur un poirier obtenu par semis, il se plaît bien dans les terres caillouteuses et sableuses.

Pommier. Le pommier aime une terre assez forte, mais plutôt siliceuse que calcaire et à sous-sol perméable.

Le fruit est plus gros dans les vallées humides, mais plus savoureux sur les plateaux. Les climats froids et tempérés lui conviennent mieux que les climats chauds.

Pêcher. Les terrains doux, profonds et fertiles conviennent au pêcher, qui redoute une exposition froide.

Amandier. L'amandier ne prospère bien que dans les contrées méridionales de la France. Il aime une terre légère et profonde; il se plaît beaucoup en terrain calcaire.

Abricotier. L'abricotier est un arbre du midi de la France; il redoute les terrains humides et froids.

Cerisier et prunier. Ces deux arbres sont peu exigeants sur la qualité du terrain; ils viennent à peu près partout. Le prunier aime les expositions un peu chaudes, les terrains fertiles un peu frais.

Le cerisier aime mieux une terre légère qu'une terre compacte.

Noyer. Le noyer se cultive rarement dans les jardins; on le cultive plutôt sur les bordures des champs. C'est un arbre qui vit assez difficilement dans les terrains privés de calcaire.

Châtaignier. Le châtaignier pousse vigoureusement sur les terres volcaniques et dans les terres sableuses et argilo-sableuses.

336. Abris destinés à protéger les arbres fruitiers et les plantes potagères. — Les murs et les haies, lorsqu'ils sont suffisamment élevés, peuvent protéger très efficacement contre les vents violents les arbres fruitiers et les plantes potagères. On peut aussi se servir des *paillassons* et des *tuiles-abris*.

Paillassons. Le paillasson est une sorte de couverture que l'on emploie pour protéger les plantes contre les variations trop brusques de température ou pour les soustraire à l'action de la lumière. Ils sont habituellement faits en paille; cependant on peut aussi les construire avec différents roseaux. La paille dont on se sert le plus habituellement est celle de seigle, parce qu'elle est plus droite et plus solide que toutes les autres. On peut augmenter la durée des paillassons, en ayant soin de les tremper pendant un jour ou deux dans un bain de sulfate de cuivre à 10 pour 100. Les paillassons sulfatés durent deux fois plus longtemps que ceux qui n'ont subi aucun traitement.

Tuiles-abris (fig. 130). La tuile-abri sert à protéger pendant l'hiver certaines cultures potagères qui redoutent le froid et l'humidité. Ce genre d'abri se compose d'une tuile ou d'une planchette inclinée, dont la pente est tournée vers le nord. Quand le froid est vif, on la recouvre de feuilles en laissant libre la partie exposée au midi. Si le froid devient très rigoureux, on recouvre le tout de feuilles. On évite ainsi la perte d'un grand nombre de plantes.

Fig. 130.

336 *bis*. **Clôtures.** — On distingue plusieurs sortes de clôtures : les murs, les haies et les treillages.

Murs. Les murs forment les meilleures clôtures; ils ont l'inconvénient d'être très coûteux, mais ils présentent l'avantage de pouvoir être utilisés comme espaliers. Leur hauteur varie de deux mètres à trois mètres et demi, rarement plus.

Haies. Les haies peuvent très bien remplacer les murs comme clôtures. Les cyprès dans le Midi, le houx dans le Nord, l'aubépine et le prunellier épineux dans les pays tempérés, constituent les haies les meilleures.

Treillages. On peut diviser les treillages en deux catégories : 1° les treillages en bois, 2° les treillages en fer.

Les treillages en bois, seuls utilisés autrefois, tendent à disparaître pour faire place aux treillages en fil de fer galvanisé.

Le treillage en bois est composé de lattes parallèles, unies ensemble par des fils de fer qui se croisent dans l'intervalle laissé par deux lattes. Pour former une clôture, les treillages ont une hauteur de un à deux mètres. On les assujettit à des pieux fixés en terre, de distance en distance.

Les treillages en fil de fer galvanisé sont plus recommandables que les treillages en bois, parce qu'ils peuvent être déplacés avec facilité, que leur durée est plus grande et la clôture plus parfaite.

CHAPITRE XXXIV

Outils et ustensiles de jardinage.

337. Bêche (fig. 131 et 132). — La bêche est un instrument de labour composé d'un fer aplati,
tranchant, plus ou moins allongé et large,
et d'un manche de longueur variable, suivant les pays et les usages auxquels on le
destine. Le fer est généralement de forme
rectangulaire ; il est recourbé pour le
travail des sols légers et rectiligne pour
les sols tenaces. Si le sol est pierreux et
dur, le tranchant de la bêche est disposé
en arc et ses deux angles extrêmes sont
formés de pointes renforcées.

La lame de la bêche est en général plus
large près du manche qu'au tranchant ;
d'un autre côté, plus elle est longue, plus
aussi elle est étroite. La surface en doit
être calculée de telle façon que la motte de
terre qu'elle soulève n'ait pas un poids
trop considérable.

La surface varie de 4 à 6 décimètres
carrés, suivant les pays ; le poids de la
motte de terre oscille entre 7 et 10 kilogrammes.

L'épaisseur de la lame est plus forte à
la partie supérieure et va en diminuant

Fig. 131.

légèrement jusqu'au tranchant; souvent elle est renforcée par des nervures de fer.

Le manche est variable comme longueur et comme forme, suivant le travail à effectuer. Les manches ont de un mètre à un mètre cinquante de longueur. La grosseur du manche est d'autant plus considérable que la bêche est plus forte; son diamètre atteint 40 millimètres environ près du fer, parce que la fatigue du bois y est plus grande; à l'autre extrémité il n'est que de 30 à 35 millimètres. Les manches sont souvent armés vers la lame de la bêche de hoche-pied, étrier ou pédale mobile, que l'on place à une distance plus ou moins grande afin que l'ouvrier puisse y poser le pied et appuyer, pour enfoncer l'instrument dans la terre à labourer.

La réunion du manche et de l'outil se fait au moyen d'une douille ou au moyen de l'élargissement du manche à sa partie inférieure, qui est fixée entre deux lames métalliques; ces lames, en s'unissant par le bas, forment la lame de l'outil.

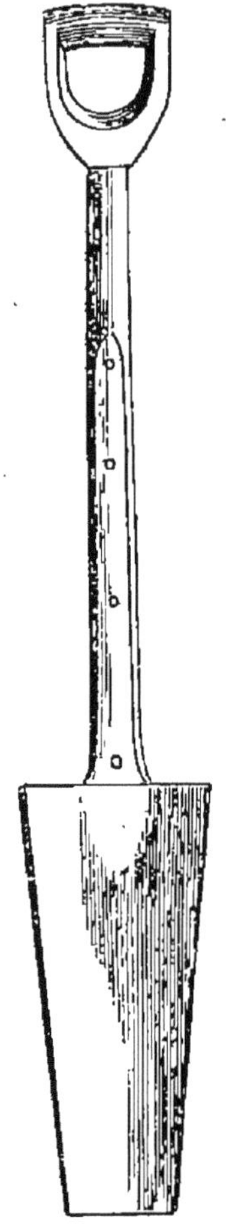

Fig. 132.

Fig. 133.

338. Des différentes sortes de bêches. — Les bêches varient de forme et de dimensions, suivant les pays; il ne nous paraît pas utile de passer en revue toutes ces variétés d'instruments. Les figures ci-jointes suffiront à donner l'idée des bêches les plus communément employées.

On estime que le travail à la bêche est celui qui utilise

le mieux les forces humaines. Dans les sols de consistance moyenne, un homme peut bêcher 250 mètres par jour.

Dans les terres difficiles, on remplace quelquefois la bêche par une fourche à doigts plats (fig. 133).

339. Râteau (fig. 134). — Le râteau du jardinier est un instrument à main garni de dents en fer ou en bois, fixé à l'extrémité d'un manche. On se sert du râteau pour un grand nombre d'usages : niveler les terres bêchées, briser les mottes, enlever les pierres, recouvrir les semences, nettoyer les allées, etc.

Le râteau ordinaire du jardinier est à dents en fer, légèrement courbées à leur extrémité ; il en existe un assez grand nombre de modèles, qui diffèrent par le nombre et la longueur des dents. Dans les râteaux très forts, le manche est bifurqué, pour que le peigne du râteau y tienne mieux.

340. Plantoir (fig. 135). — Le plantoir est un instrument qui sert à planter les jeunes végétaux. Les plantoirs dont on se sert dans les jardins sont simplement de

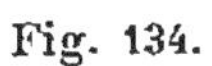

Fig. 134.

petits piquets, longs de 2 à 3 décimètres et terminés en pointe ; parfois ils sont munis d'un manche recourbé suivant un angle presque droit. La partie terminée en pointe, que l'on enfonce dans le sol, peut être utilement recouverte d'une douille en fer ou en cuivre, ce qui empêche la terre d'adhérer contre le plantoir. Pour planter, on enfonce le plantoir verticalement dans le sol ; dans le trou ouvert, on met une plante et, à l'aide du plantoir que

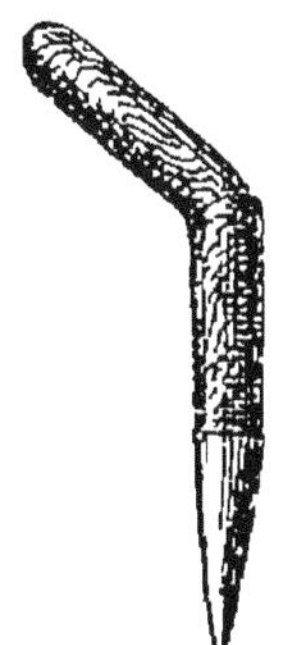

Fig. 135.

l'on enfonce parallèlement à côté, on fixe la terre contre celle-ci ; ce second trou, qui reste béant, sert à recueillir l'eau des arrosages.

341. Binette (fig. 136). — La binette est un instrument qui sert à faire des binages. Elle consiste en une petite pioche en fer, munie d'un manche plus ou moins

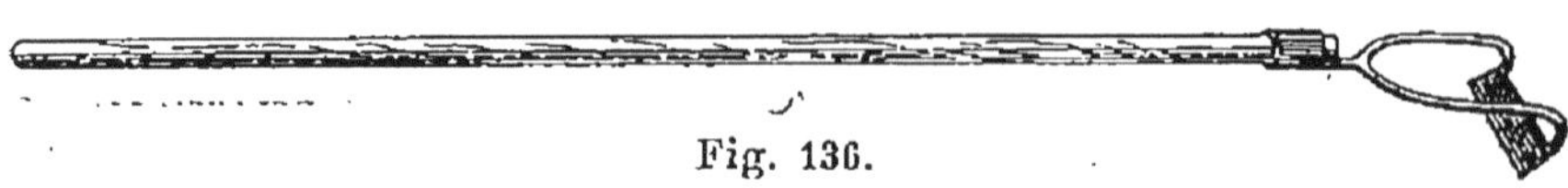

Fig. 136.

long. On donne parfois le nom de *binochon* à une binette à fer triangulaire, qui se termine en pointe et dont les deux côtés latéraux sont tranchants.

342. Serfouette (fig. 137). — La serfouette est une sorte de binette à deux branches dont l'une est formée par une barre pleine et l'autre par deux dents. On s'en

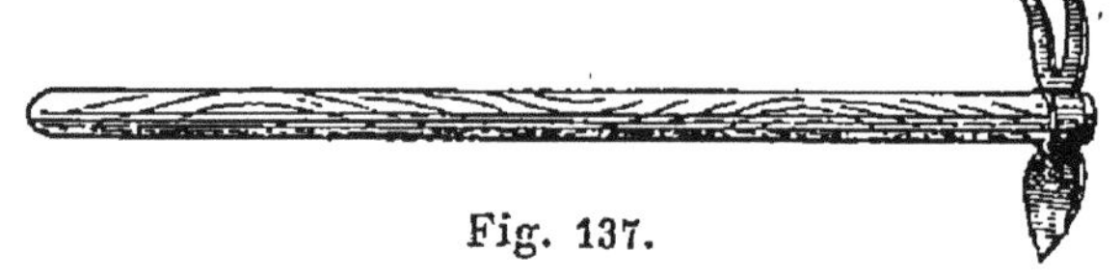

Fig. 137.

sert pour exécuter les labours légers et les sarclages. La barre pleine sert à attaquer la terre entre les lignes des plantes et les dents permettent d'approcher de très près des jeunes plantes sans leur porter atteinte.

343. Rouleau. — On emploie dans les jardins de tout petits rouleaux plombeurs, que l'on conduit à la main. Ces petits rouleaux sont ordinairement en pierre; ils servent à tasser le sol après certains semis : carottes, choux, etc.

344. Tondeuse de gazon. — Les tondeuses de gazon sont des instruments qui servent à couper les gazons sur les pelouses. Les premiers instruments de ce genre ont été construits en Angleterre. L'appareil consiste en un bâti très léger, monté sur deux petites roues et surmonté d'un manche terminé par une poignée qui sert à pousser l'instrument devant soi. Entre les roues, et par conséquent près du sol, est suspendue une lame en vis d'Archimède à laquelle le mouvement des roues imprime un mouvement rotatoire très rapide, qui lui permet de couper les herbes quand on promène l'instrument sur une pelouse. Cette lame est parfois remplacée par des couteaux héliçoïdes qui produisent le même effet.

345. Serpe (fig. 138). — La serpe est un outil qui s'emploie en jardinage pour couper les grosses branches des arbres fruitiers. Elle est formée d'une lame en fer aciéré, courbe ou droite à son extrémité.

346. Serpette (fig. 139). — La serpette est un outil formé par une lame longue de 8 à 10 centimètres, portée par un manche de même dimension, sur lequel elle se replie dans une rainure. La lame de la serpette est recourbée à son extrémité; cette courbure est plus ou moins prononcée. Elle atteint son maximum dans la serpette à greffer.

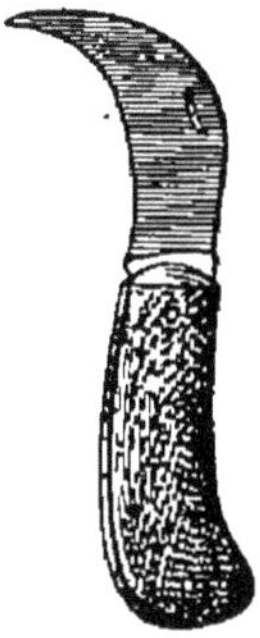

Fig. 138.

La serpette est l'outil à main le plus anciennement employé pour la taille des arbres. Elle sert à couper les petites branches et à aviver les sections des plaies faites à la scie ou au sécateur.

Fig. 139.

347. Égohine (fig. 140). — On appelle égohine une petite scie dont on se sert pour couper les branches

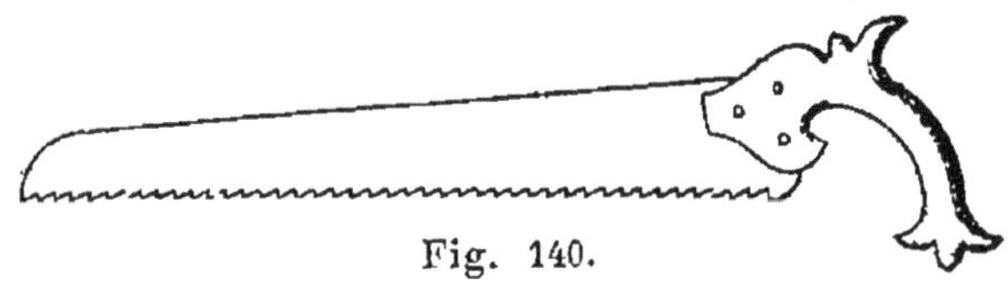

Fig. 140.

d'arbre. La lame d'une égohine doit être épaisse, mais peu large; de plus la partie dentée doit être plus épaisse que le talon de la lame, afin de permettre à celle-ci de circuler librement. Les dents doivent être distantes de quelques millimètres et être déjetées alternativement à droite et à gauche. Il importe que le manche soit solide et facile à tenir d'une seule main.

348. Sécateur (fig. 141). — Le sécateur est un outil qui sert à la taille des rameaux et des petites branches des arbres. Il est formé par deux branches mobiles sur un axe placé aux trois quarts de leur longueur ; ces branches

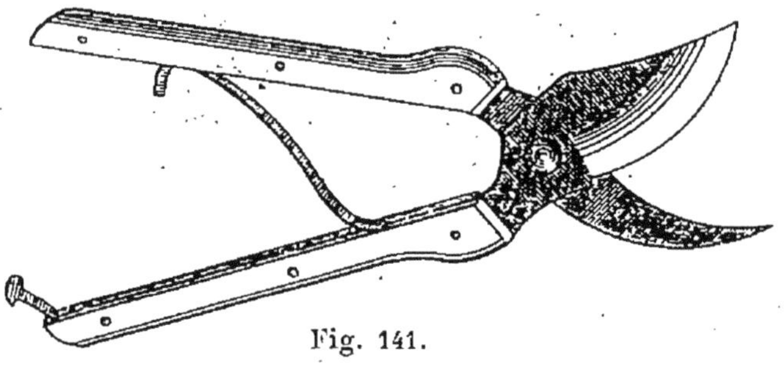

Fig. 141.

sont terminées par deux lames coupantes, l'une concave, l'autre convexe. Un ressort tient les lames ouvertes quand la main ne presse pas sur les branches. Un bon sécateur doit faire des coupes nettes, sans meurtrir les branches.

349. Cisailles (fig. 142). — On nomme cisailles un instrument composé de deux branches droites en fer, réunies par une vis et garnies de poignées pour les faire

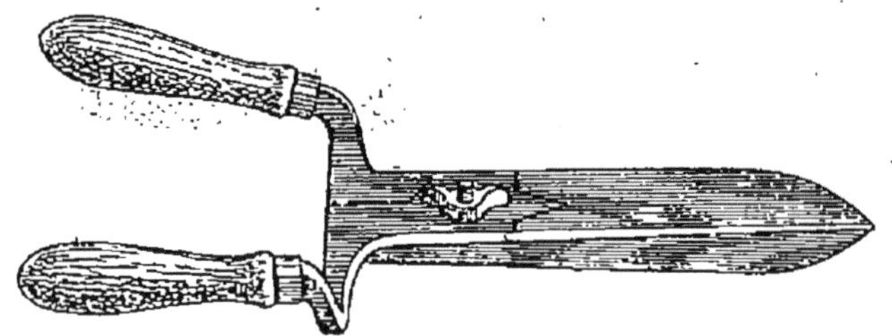

Fig. 142.

fonctionner. Ces deux branches sont mobiles et tranchantes à l'intérieur.

On emploie les cisailles pour émonder les haies et quelquefois pour tondre le gazon des pelouses.

350. Brouette (fig. 143). — La brouette est un petit véhicule dont on se sert pour les transports à bras d'homme. Elle se compose d'un coffre ouvert en dessus

Fig. 143.

et sur un de ses côtés, porté par deux barres ou manches horizontaux qui se prolongent en avant et en arrière du coffre. Ces deux barres sont reliées à l'arrière à l'axe d'une roue de diamètre variable.

Pour faire manœuvrer la brouette, l'ouvrier soulève les deux manches et pousse ou tire le véhicule dont la roue porte sur le sol.

351. Greffoir (fig. 144). — On donne le nom de greffoir à tout instrument qui sert dans la pratique de la greffe. Le greffoir dont on se sert avec le plus d'avantage ne porte qu'une seule lame, qui doit être autant que possible en acier de bonne qua-

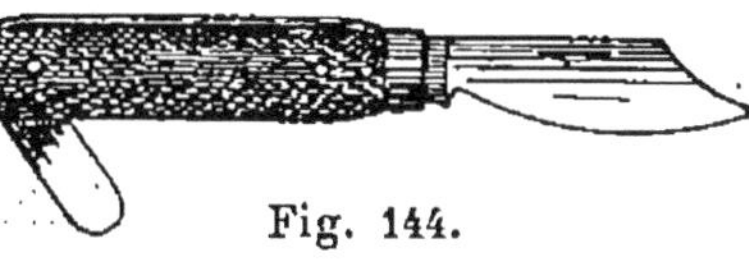

Fig. 144.

lité. Le greffoir doit toujours être maintenu dans un état de propreté absolu, et le tranchant de la lame doit être bien affilé.

352. Arrosoir (fig. 145). — L'arrosoir est destiné à transporter l'eau et à la répandre sur les plantes. Il consiste en un vase soutenu par une anse et muni d'un col que surmonte une pomme percée d'un grand nombre de petits trous. Le col part du bas du récipient pour que le jet soit plus puissant. La contenance ordinaire des arrosoirs est de 10 litres.

Fig. 145.

353. **Pompe-arrosoir** (fig. 146). — La pompe-arrosoir est un instrument dont on se sert pour détruire les pucerons ou les chenilles qui se logent sur les branches et sur les feuilles des arbres à haute tige.

Cet instrument est représenté par la figure 146. Il se compose d'un arrosoir *h*, dans lequel se trouve placé un corps de pompe *b*, dont le piston *a* est mû à la main.

Un conduit *d* se rend directement vers le col de l'arrosoir, armé d'un ajutage donnant différents jets suivant le but à atteindre. En mettant dans l'arrosoir un liquide insecticide (jus de tabac, eau de savon, lait de chaux), on peut arriver à détruire de nombreux insectes nuisibles.

Fig. 146.

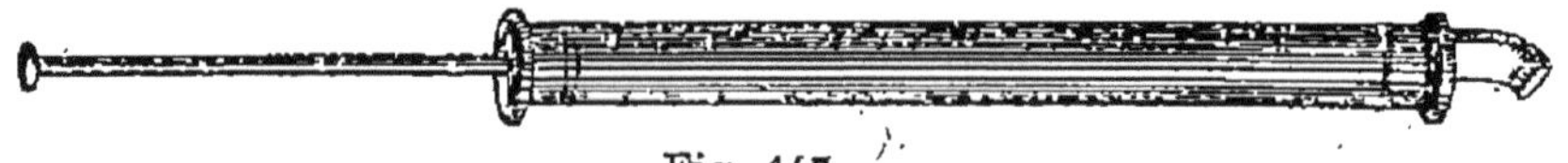

Fig. 147.

On peut aussi se servir pour le même objet de la *seringue-arrosoir* (fig. 147).

CHAPITRE XXXV

Principales opérations de l'horticulture.

DÉFONCEMENT

354. Après avoir fait choix du terrain qui convient au potager, il faut l'approprier aux différentes cultures qu'il est destiné à recevoir.

Si on a affaire à un sol neuf, il faut le défoncer. Le défoncement peut être plus ou moins profond, suivant le parti qu'on veut tirer du jardin. Si ce jardin ne doit produire que des légumes, une profondeur de 0^m50 à 0^m60 suffira amplement.

La terre qui provient du point où l'on a attaqué l'opération est portée à l'autre extrémité du terrain; le vide de la première tranchée est comblé avec la terre extraite de la seconde tranchée, mesurant même largeur et même profondeur que la première. Toutes les pierres et toutes les racines qui se rencontrent pendant ce travail, sont enlevées avec soin, afin que la végétation ne trouve point d'obstacle; on continue ainsi jusqu'à ce que le défoncement soit complètement achevé. Parvenu à la dernière tranchée, on la comble avec la terre provenant de la première. Le défoncement, pour être bien conduit, doit être exécuté carré par carré et non sur la surface entière à la fois.

Toutes les fois que le sol ne doit pas être ensemencé prochainement, et il est rare qu'il le soit en hiver; époque la plus favorable pour le défoncement, il est avantageux de laisser le terrain en grosses mottes, dans l'état où la bêche l'a mis. Les gelées et les variations atmosphériques se chargent de l'ameublir, mieux que toute espèce d'instrument. Si le potager doit être mis immédiatement en rapport, il est indispensable de le niveler après le défoncement ; on le divise ensuite avec la fourche, et le râteau achève de l'ameublir.

355. Effet du défoncement. — Le défoncement est le meilleur moyen de renouveler une terre épuisée par de longues cultures. On peut régénérer ainsi un vieux potager épuisé.

Au début du défoncement, il ne faut pas compter sur de forts rendements, quelque soin qu'on apporte à la culture, et quelle que soit l'abondance des engrais qu'on applique. La terre ne passe pas immédiatement de l'état inerte à la fertilité : il faut qu'elle se *fasse*, suivant l'expression des praticiens. Après deux ou trois ans d'un labeur actif et intelligent, le potager, sans être encore arrivé à son maximum de production, paie déjà largement les travaux qu'on y a faits. Une fois saturé d'engrais, quand toutes ses molécules terreuses se sont vivifiées au contact de l'air par les labours, toutes les plantes y prennent un grand développement. Elles pénètrent plus profondément dans le sol défoncé ; elles y souffrent moins de la chaleur et de l'humidité et leur production est pour ainsi dire illimitée, à la condition que les engrais et la main-d'œuvre ne leur soient pas ménagés.

Si le défoncement a été bien exécuté une bonne fois, il n'est pas nécessaire de le renouveler. Dans la marche ordinaire des choses, de simples labours, aidés de binages, suffisent pour maintenir le jardin en bon état.

LABOURS

356. Les labours se pratiquent à la houe ou à la bêche ; la bêche est ordinairement l'instrument le plus employé.

On procède de la même manière que pour le défoncement, c'est-à-dire qu'on ouvre, au bout d'une planche, une tranchée ou jauge, large de deux fers de bêche, sur une longueur indéterminée, et l'on reporte la terre qui en est extraite à l'extrémité de celle qu'on laboure, pour en combler la dernière jauge. Chaque bêchée de terre est jetée dans la tranchée ouverte, où on la divise avec le tranchant de l'instrument, jusqu'à ce qu'elle soit ameublie dans toutes ses parties et qu'elle présente une surface unie. Toutes les tranchées doivent toujours avoir la même profondeur et la même largeur dans leur étendue. Au fur et à mesure du labour, on enlève les plantes inutiles et les pierres qu'on rencontre. Le labour diffère du défoncement en ce que sa profondeur ne dépasse jamais 0^{m}30, alors que celle du défoncement varie de 0^{m}30 à 0^{m}80 et 1 mètre même.

L'époque des labours, ainsi que leur nombre et leur profondeur ne peuvent être fixés d'avance. Tout cela dépend du genre de récoltes qu'on veut avoir, de l'état du sol et des variations atmosphériques.

Les labours pratiqués dans le courant de l'automne et de l'hiver préparent très bien le sol. Sous l'influence des gelées, la terre se divise et s'ameublit. Ces labours peuvent être faits à plat ou en billons. Les labours en billons, par la surface plus grande qu'ils présentent à l'atmosphère, conviennent surtout pour les terres fortes et pour celles qui redoutent l'humidité.

On peut se contenter des labours de 15 à 20 centimètres de profondeur; dans les bonnes terres franches, il y a toujours avantage à bêcher à 30 centimètres.

Les labours sont un moyen de fertilisation qu'il ne faut pas négliger, mais ils n'ont de bons effets qu'autant qu'on les donne à propos, c'est-à-dire quand le sol n'est ni trop sec ni trop humide. La terre s'empare alors des gaz atmosphériques et en tire les meilleurs résultats. Si l'on travaille la terre par un temps pluvieux ou avant qu'elle soit bien ressuyée, elle se corroie, se lisse et se durcit, au point de ne pouvoir plus être ameublie avant un temps très long.

Les labours exercent une influence très réelle sur la fertilité du sol, mais ils ne sauraient suffire à le maintenir en état constant de production; il faut encore des engrais.

ENGRAIS

357. Un jardin n'a jamais à craindre un excès de fumure, car la succession répétée des récoltes et les exigences d'une végétation rapide et vigoureuse y ont rapidement enlevé l'engrais.

La culture maraîchère peut avoir recours aux quatre classes de matières fertilisantes que nous avons déjà étudiées.

Un bon terreau végétal, composé de feuilles, de fanes, de tiges et autres débris, convient très bien à la plupart des plantes de jardin.

La culture maraîchère aurait grand intérêt à utiliser les excréments humains, la colombine, le noir animal et la plupart des autres engrais animaux. Ces matières fertilisantes activent puissamment la végétation et ne communiquent aucun mauvais goût aux plantes, comme on le croit généralement à tort.

Les *fumiers* sont désignés en horticulture sous le nom de *fumiers chauds*, quand ce sont les chevaux et les moutons qui les ont produits, et de *fumiers froids*, quand ils proviennent des bœufs et des porcs. Cette distinction a son importance pour faire des couches. Le fumier de cheval est le meilleur de tous pour former des couches, à cause de la chaleur qu'il développe et de la rapidité avec laquelle il se décompose. On en retarde la fermentation en le maintenant sec, et on l'accélère en le tassant un peu et en le mouillant légèrement. Il est d'usage en horticulture d'employer le fumier quand il est à demi décomposé ; dans cet état, il est plus rapidement assimilable, il apporte moins de mauvaises graines dans le sol et on l'enfouit plus facilement.

Les *composts* sont d'excellents engrais à employer en horticulture ; ils sont composés de débris végétaux ou animaux mélangés avec une certaine proportion de terre. On peut également employer la boue des villes et les curures de mares et de fossés.

ALTERNANCE DES CULTURES

358. L'alternance des cultures se dit de l'ordre dans lequel certaines plantes se succèdent dans un terrain donné.

Il est très important, en horticulture, de ne pas cultiver incessamment à la même place des espèces analogues ; il faut les faire alterner, si l'on veut obtenir de bons résultats. On voit parfois certaines plantes qui cessent de croître et de prospérer dans des conditions et sur des emplacements où elles réussissaient autrefois. Ayant épuisé la plus grande partie des principes qui sont propres à leur existence, elles ne peuvent revenir, avec chances de succès, qu'après la substitution de plantes d'une nature différente ou après un certain temps de repos[1].

ENSEMENCEMENT

359. Lorsque le sol a été bien préparé, il faut l'ensemencer. On distingue plusieurs sortes de semis. Les uns se font à la volée, les autres en lignes ou rayons.

1. Voir, pour plus de détails, la question des assolements, traitée dans le cours de deuxième année.

Semis à la volée. — Dans les semis à la volée, les graines doivent être réparties le plus également possible. Quelle que soit cependant l'habileté de celui qui sème, il est rare que les plantes ne lèvent pas trop serrées les unes contre les autres; on obvie à cet inconvénient en enlevant à la main les plantes surabondantes. Cette opération se nomme *éclaircissage;* elle doit être faite le plus tôt possible. Plus tôt on éclaircit, mieux les sujets conservés se développent et prennent de force; si l'on néglige cette opération, les plantes s'étiolent.

Semis en lignes. — Le semis en lignes est préférable au semis à la volée. Il entraîne dans un grand nombre de cas plus de travail pendant le cours de la végétation, mais les plantes plus espacées et mieux aérées croissent avec plus de vigueur et de régularité. Elles se prêtent également mieux aux diverses façons culturales qu'elles exigent. Ce genre de semis s'effectue au cordeau à une profondeur de 3 à 6 centimètres; on ouvre la terre avec la houe à main, on y répand la graine et on la recouvre soit avec cet instrument, soit avec un râteau.

Outre ces deux modes généraux de semis, on peut encore semer en poquets, sur couche ou sous châssis.

Semis en poquets ou pochets. — Dans le semis en poquets, on creuse la terre en entonnoir à une profondeur variable; on y dépose la graine et on la recouvre avec une partie de la terre extraite du creux; plus tard, le reste de la terre déplacée est employé à chausser la plante et à lui donner un léger buttage.

Les semis sur couche ou sous châssis ont pour but d'obtenir une végétation précoce; ils s'opèrent à la volée ou en lignes, ou bien en plaçant les graines une à une, à une distance déterminée.

NÉCESSITÉ D'ABRITER CERTAINES PLANTES
EN HIVER

360. — Quelques arbres délicats doivent être protégés contre les gelées de l'hiver. Pour cela, le meilleur moyen consiste à envelopper de paille le tronc et les grosses branches et à recouvrir de fumier la partie du sol au-dessous de laquelle s'étendent les racines. Les arbres délicats, tels que les rosiers, les figuiers, peuvent être abrités en inclinant les tiges, de manière à pouvoir recouvrir les têtes d'une couche de terre.

Pour les plantes herbacées, vivaces, ainsi que pour les légumes, on les protège contre le froid en accumulant par un buttage la terre autour et au-dessus de la tige des plantes. On peut aussi ajouter au buttage une couche de feuilles et de paille.

La tuile-abri peut aussi être employée avec succès, et notamment dans la culture des artichauts.

CHAPITRE XXXVI

Principales opérations de l'horticulture *(suite)*.

361. Repiquage. — On entend par repiquage l'opération qui a pour but de relever de jeunes plantes d'un endroit où elles étaient trop à l'étroit, pour les planter dans de meilleures conditions d'espacement et de lumière. Entre l'arrachage et le repiquage, il est bon de mettre le moins d'intervalle possible, car l'air dessèche et altère promptement les racines qui y sont exposées. Ces racines doivent conserver en terre leur position primitive, sans être trop comprimées.

La reprise s'effectue d'autant mieux qu'on opère par un temps couvert et que le sol qui doit recevoir les jeunes sujets se trouve en bon état d'engrais, d'ameublissement et de fraîcheur.

362. Pralinage. — Le pralinage est une opération qui consiste à enrober les racines d'une plante dans une substance destinée à en hâter le développement. Cette opération se pratique de la manière suivante. On prépare, dans un large baquet, une bouillie épaisse formée par un mélange de terre argileuse et d'un engrais actif, poudrette ou noir animal, etc. On plonge dans cette bouillie le pied du végétal à planter, de manière qu'une petite couche couvre toutes les racines et on saupoudre celles-ci avec de la cendre de bois non lessivée.

Cette opération exerce une influence favorable sur le développement des plantes auxquelles on fait subir la transplantation. Par les temps de sécheresse, elle est surtout très utile, car elle met à la disposition du végétal les aliments qui lui sont nécessaires, et qu'il ne pourrait puiser sur le nouveau sol.

363. **Plantation à demeure.** — La plantation à demeure diffère peu du repiquage. Avant de planter, on doit avoir préparé le terrain et l'avoir divisé en planches. La disposition en lignes et en quinconces est généralement très avantageuse. Pour planter, on enlève, autant que faire se peut, le végétal avec sa motte, quand on n'a pas à rafraîchir les racines. Le collet de la plante doit être enfoncé en terre, mais non le cœur, qu'il faut bien se garder de recouvrir.

Certaines plantes doivent être *habillées*, avant d'être plantées à demeure. L'habillage consiste à couper à demi les feuilles extérieures, en ayant soin de laisser le cœur absolument intact. Les racines sont également coupées à leur extrémité, et l'on enlève celles qui ont été meurtries pendant l'arrachage.

364. **Contre-plantation.** — La contre-plantation est une opération qui consiste à faire intervenir une deuxième culture dans des carrés déjà occupés par des légumes.

Les maraîchers cultivent rarement un légume tout seul; sur une surface donnée, ils sèment et plantent en même temps plusieurs légumes à la fois et font ainsi de la contre-plantation.

Ce système est surtout à recommander dans la culture sous châssis. Il a l'avantage de faire profiter plusieurs plantes à la fois des différents soins qui sont donnés.

365. **Binages et sarclages.** — On active la végétation des plantes de jardin en les binant aussitôt que l'on s'aperçoit que le sol se croûte. Cette façon culturale ameublit la surface du sol et y fait pénétrer l'air et la chaleur. Par un temps sec, il faut multiplier les binages, car

ils tiennent en quelque sorte lieu d'arrosage et aident puissamment les plantes à parcourir les diverses phases de leur végétation dans de bonnes conditions.

On doit également enlever les plantes de mauvaise nature que l'on rencontre dans les cultures : car ce sont des parasites qui se nourrissent aux dépens des plantes cultivées.

366. **Arrosages.** — Les arrosages doivent être faits suivant certaines règles, dont l'importance ne saurait être méconnue sans inconvénient.

L'eau d'arrosage, donnée trop froide aux plantes, leur est plus nuisible qu'utile ; elle change brusquement leur température et peut leur occasionner des maladies. Pour produire les meilleurs effets, elle doit atteindre une température de 15 à 20 degrés centigrades et être distribuée dans de bonnes proportions. Pendant la saison chaude, il convient d'arroser le soir, car de cette façon les plantes ne passent pas subitement du chaud au froid, et la fraîcheur procurée par l'arrosage se maintient pendant toute la nuit.

Au printemps et à l'automne, on doit arroser le matin, après le lever du soleil, à cause de la fraîcheur des nuits.

Lorsque l'arrosage est léger, on le nomme *bassinage*; s'il est copieux, il porte le nom de *mouillure*.

367. **Couches et châssis.** — Les couches jouent un grand rôle dans la culture maraîchère. On désigne sous ce nom des parallélogrammes formés de fumier, de feuilles et de tout autres matières susceptibles d'entrer en fermentation et de garder leur chaleur pendant un temps plus ou moins long. Les couches donnent une vive impulsion à la végétation : elles permettent de cultiver des plantes qui, hors de leur climat natal, ne donneraient pas de produits utiles ou du moins n'arriveraient à maturité que fort tard et souvent d'une manière incomplète.

Selon le degré de chaleur qu'on veut avoir, on donne

aux couches diverses formes et on les établit avec des fumiers spéciaux.

Couche chaude. — Quand on veut obtenir une couche chaude, on se sert de fumier de cheval dans toute son activité ; la couche ainsi garnie développe rapidement une grande chaleur, qui ne tarde pas à baisser, si on ne l'entretient pas par une nouvelle addition de fumier dans tout son feu.

Couche tiède. — La couche tiède est composée d'un mélange de fumier de cheval et de vache, auquel on ajoute des feuilles. La chaleur, moins élevée que dans la couche chaude, se maintient plus longtemps et d'une façon plus uniforme.

L'une et l'autre sont chargées de terreau pur, si l'on doit semer des plantes qui n'y séjourneront pas longtemps. Si les plantes sont destinées à prendre une bonne force dans la couche, on les garnit d'un tiers de terreau et de deux tiers de bonne terre franche.

Couche sourde. — On désigne sous le nom de couche sourde la couche qu'on établit dans une tranchée pratiquée dans le sol. On la garnit à volonté, soit de fumier de cheval, soit d'un mélange de fumier de vache et de cheval, puis on la remplit de la terre extraite de cette tranchée, en y mêlant une plus ou moins grande quantité de terreau ; sa surface est toujours bombée. Cette couche convient particulièrement aux plantes qui poussent fortement ; telles sont, entre autres, les melons, les potirons, les concombres.

Montage des couches. — Le montage des couches demande beaucoup de soins. On porte le fumier à l'une des extrémités de l'emplacement qu'on a choisi ; on en mélange toutes les parties et on le distribue aussi également que possible. Au fur et à mesure qu'on monte la couche, on bat le fumier avec le dos de la fourche et on le dresse verticalement. Quand la portion de couche est élevée à la hauteur voulue, on l'abandonne et on s'occupe de ce qui reste à monter. Le travail s'opère à reculons et toujours par le même procédé; il prend fin quand la couche est complètement garnie et ne présente plus qu'un cube uniforme.

Si le fumier qu'on emploie était trop sec, on l'arroserait au fur et à mesure du montage ; on l'arrose encore une fois quand toute l'opération est terminée : la fermentation ne tarde pas à se déclarer.

On garnit la couche de terre ou de terreau et on la borde avec un bourrelet de litière, qu'on fixe à son pourtour avec des chevilles en bois.

368. Châssis. — La couche peut être laissée nue ou recouverte d'un châssis.

Le châssis peut être fixe ou mobile; il fait l'effet d'une petite serre. Il se compose de deux parties : la *caisse* ou *coffre* et les *panneaux*. La partie postérieure doit être plus élevée que la partie antérieure.

Si le châssis recouvre une couche dont le sol est en contre-bas de 40 ou 50 centimètres, on lui donne le nom spécial de *bâche*.

Le coffre en bois est, dans ce cas, très souvent remplacé par une maçonnerie.

369. Cloche. — On donne le nom de cloche à un vase de verre qu'on emploie dans les jardins pour abriter les plantes contre le froid ou pour concentrer la chaleur du soleil ou des couches autour de ces plantes. Les cloches ont généralement de 40 à 50 centimètres de diamètre et sont munies d'un bouton pour les transporter.

370. Serre. — Une serre est un lieu clos et couvert, dans lequel on cultive les plantes trop délicates pour vivre à l'air libre en hiver. C'est un local plus ou moins vaste, dont un des côtés et la partie supérieure sont en fer et en verre.

On divise les serres en serres froides, serres tempérées et serres chaudes.

Les *serres froides* sont celles qu'on ne chauffe qu'en hiver pour empêcher les gelées d'atteindre les plantes.

Les *serres tempérées* sont celles dont la température annuelle moyenne est de 20 degrés, sans descendre au-dessous de 9 à 10 degrés en hiver.

Enfin les *serres chaudes* sont celles dont la température est de 24 à 25 degrés; elles servent presque exclusivement pour les plantes exotiques.

CHAPITRE XXXVII

Multiplication des plantes par les tiges.

BOUTURAGE

371. — Une bouture est une portion quelconque dé-tachée d'un végétal, placée dans des conditions à former des racines et à vivre de ses propres forces. Dans les cir-constances ordinaires, les boutures se font à l'aide d'un rameau muni d'un ou de plusieurs bourgeons.

Bouture en plançon. — Ce genre de bouture consiste en une jeune branche d'arbre de 2 à 3 mètres de lon-gueur que l'on enfonce dans un trou pratiqué en terre à l'aide d'une pince ou d'une barre de fer. On emploie la bouture en plançon pour les saules et les peupliers.

Bouture simple (fig. 148). — La bouture simple se com-pose de tronçons de branches de l'année, longs de 0ᵐ15 à 0ᵐ30, selon les espèces. Ces boutures doivent être coupées de manière que la coupe inférieure soit immédiatement située au-dessous d'un œil. La bouture simple sert à multiplier presque tous les arbrisseaux et quelques grands arbres.

Bouture avec bourrelet (fig. 149). — Ce genre de bouturage s'emploie pour les espèces qui

Fig. 148. prennent difficilement par bouture. Pour pré-parer la bouture avec bourrelet, il faut pratiquer en juin une incision annulaire immédiatement au-dessous d'un œil ou serrer fortement la branche avec un fil de fer, afin de déterminer la formation d'un bourrelet mamelonné. Ce bourrelet émet assez facilement des racines.

Bouture à talon. — La bouture à talon s'obtient en éclatant une branche par traction, de haut en bas; elle emporte avec elle l'empâtement qui lui servait de base et qui tient lieu de bourrelet.

Bouture-crossette (fig. 150).

— La bouture-crossette est une bouture ordinaire à laquelle on a conservé un tronçon de vieux bois.

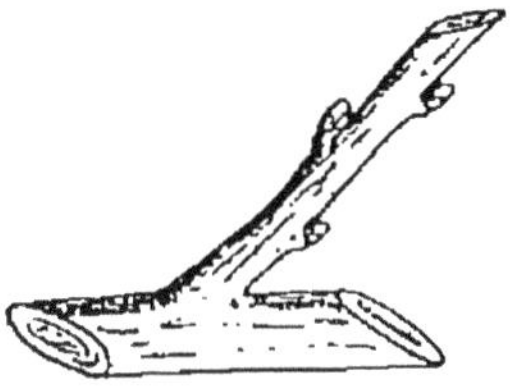

Fig. 149.

Fig. 150.

Toutes les plantes ne peuvent pas être bouturées à l'air libre; il est à peu près indispensable pour certaines de bouturer sous cloches ou sous châssis.

BOUTURAGE DE PLANTES A FLEURS

372. — Les boutures de plantes à fleurs doivent se faire en terre de bruyère pure, bien tamisée et mise en pots ou en terrines. Le fond de ces vases doit être garni de gravier, pour drainer la terre.

L'époque la plus favorable pour le bouturage de ces plantes comprend les mois de mai et juin, bien qu'on puisse réussir en toute saison. On a remarqué que les boutures s'enracinent d'autant mieux qu'elles sont placées plus près des parois des vases;

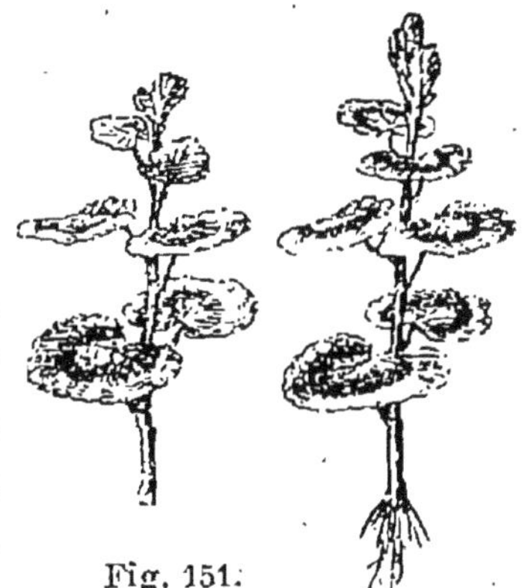

Fig. 151.

l'oxygène de l'air, en pénétrant à travers la terre poreuse des vases, se trouve ainsi plus vite en contact avec les jeunes racines, dont il active le développement.

Les boutures doivent être coupées net, immédiatement au-dessous d'un nœud ; on doit leur conserver la tête autant que possible. On supprime ensuite les feuilles de toute la partie inférieure du rameau qui doit être enterrée.

Cela fait, il ne reste plus qu'à planter la bouture ainsi préparée ; pour cela on fait un trou dans la terre du pot avec un petit bâton, on y met la bouture et on presse fortement la terre.

373. Marcottage. — Le marcottage est une opération qui consiste à faire produire à certaines branches

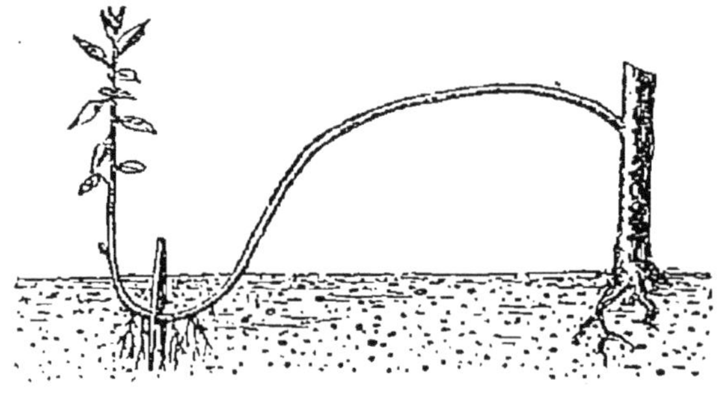

Fig. 152.

d'un végétal des racines adventives, puis à séparer ensuite ces branches qui constituent des plantes complètes.

Marcottage simple. — Le marcottage simple (fig. 152) consiste à coucher une branche dans le sol, à une pro-

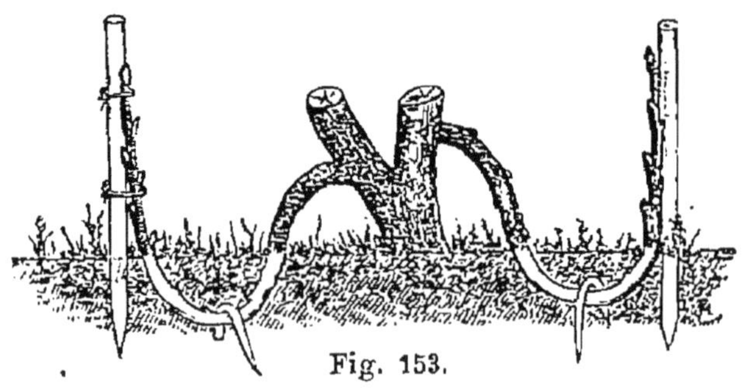

Fig. 153.

fondeur de 0ᵐ08 à 0ᵐ10 environ, à l'y maintenir et à la recouvrir en suite de terre. L'extrémité de la branche sort de terre ; elle doit être munie d'un tuteur pour qu'elle puisse prendre une direction verticale.

Marcottage par strangulation. — C'est la même opération que la précédente, sauf que l'écorce de la branche mise en terre est serrée au-dessous d'un œil avec un fil de fer.

Marcottage par cépée. — Le marcottage par cépée consiste à couper à ras de terre un arbre ou un arbuste et à recouvrir la souche avec de la terre. Les rejets qui poussent sont enlevés quand ils ont pris racine.

Marcottage chinois. — Le marcottage chinois (fig. 153) consiste à enterrer des branches entières dans le sol en ayant soin de relever chaque extrémité de rameau. On obtient ainsi autant de plantes complètes que les branches contiennent de rameaux.

Marcottage en l'air. — Le marcottage en l'air (fig. 154) se pratique sur des branches que l'on ne peut incliner vers le sol. On se sert dans ce cas de pots à fleurs, fendus sur le côté de manière à pouvoir laisser passer la tige qu'ils doivent emprisonner. Le pot à fleurs est placé à l'endroit déterminé et fixé solidement contre un tuteur; on le remplit ensuite soit de terre, soit simplement de mousse hachée que l'on doit entretenir constamment humide par des arrosages. L'ouverture latérale est bouchée à l'aide d'une petite lame de verre, laissant voir les racines qui se produisent à l'intérieur.

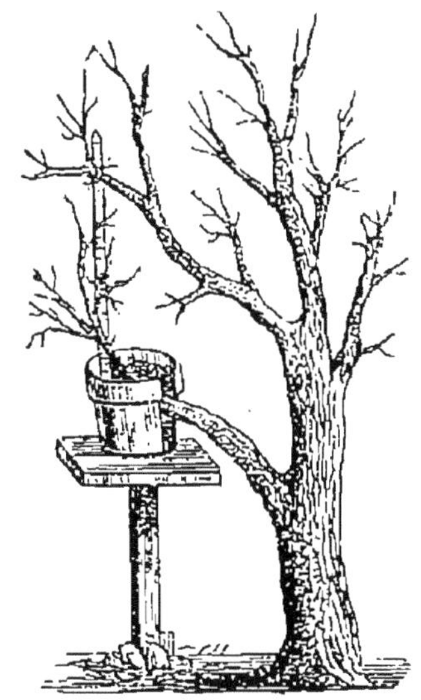

Fig. 154.

374. Greffage. — Le greffage est une opération qui consiste à transporter sur un végétal un fragment d'un autre végétal, de manière que les deux parties puissent croître l'une sur l'autre.

On donne le nom de *sujet* au végétal qui reçoit une *greffe*, et celui de *greffon* à toute partie de plante réunie à ce sujet.

Il existe un grand nombre de greffes, qui toutes peuvent être classées en trois catégories distinctes, comme dans le tableau suivant.

1° Greffes par approche. . . . . {
Ordinaire.
A l'anglaise.

2° Greffes par œil . . . . {
En écusson.
En flûte.

3° Greffes par rameaux . . . . . {
De côté.
Dans l'aubier.
En placage.
En couronne.
En incrustation.
En fente.
A l'anglaise.

Greffe par approche : La greffe par approche est utilisée pour les espèces dont la reprise est difficile avec les autres systèmes. Les deux végétaux à greffer doivent être dans le voisinage l'un de l'autre.

1° *Ordinaire.* — Pour greffer par approche d'après le système ordinaire, on entaille les deux sujets, de façon que les plaies soient bien nettes et de surfaces égales; l'entaille doit pénétrer jusque dans le bois. Les deux végétaux sont ensuite rapprochés et ligaturés solidement, pour établir un contact absolu entre les plaies.

2° *A l'anglaise.* — Dans le greffage par approche à l'anglaise, les deux parties sont accrochées l'une dans l'autre par une incision faite de haut en bas dans le sujet, pour en détacher une sorte d'encoche. On fait une incision en sens inverse sur le greffon. Ces deux incisions, introduites l'une dans l'autre, donnent plus de solidité à la greffe, lors de la reprise. Les greffes en approche se pratiquent de mars à septembre.

Greffes par œil : 1.° *En écusson* (fig. 155). — La greffe par œil en écusson peut se faire à deux époques : 1° au printemps *(greffe à œil poussant)*; 2° dans le courant de l'été *(greffe à œil dormant)*.

La greffe en écusson peut être faite indifféremment sur un jeune ou sur un vieux sujet, pourvu que l'un ou l'autre soit bien en sève. L'œil ou bourgeon qui doit être inséré est prélevé sur un jeune rameau de vigueur moyenne; les meilleurs yeux sont ceux qui sont placés vers le milieu des rameaux. Le prélèvement de l'œil s'opère en tenant le rameau de la main gauche et le greffon de la main droite. On commence à inciser l'écorce à environ 1 centimètre au-dessus de l'œil; on détache le bourgeon avec un lambeau d'écorce, auquel on donne au-dessous la même longueur qu'au-dessus. Il faut enlever le moins de bois possible avec l'écorce et même n'en pas enlever du tout, si l'on peut. On taille ensuite l'écusson, en lui donnant une forme ovale allongée.

Le sujet qui doit recevoir l'écusson doit être débarrassé des feuilles et ramilles dans la partie où l'on fait la greffe.

On pratique ensuite deux incisions, l'une transversale *j*, l'autre longitudinale K, et venant aboutir à la première pour former une sorte de T (fig. 155). Les incisions

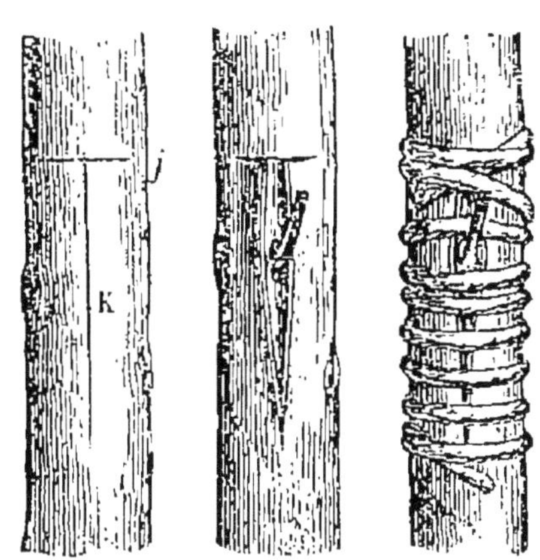

Fig. 155.

étant faites à l'aide de la spatule en ivoire que porte le greffoir, on relève les deux bords de la plaie, en détachant l'écorce du bois.

Sujet et greffon étant préparés, on insère l'écusson sous l'écorce, de telle façon que son extrémité supérieure ne dépasse pas l'incision transversale. On ligature ensuite, en se servant de laine, de jonc ou de raphia.

2° *En flûte* (fig. 156). — La greffe en flûte peut être faite à œil poussant et à œil dormant. Le sujet et le greffon doivent être deux rameaux de même grosseur. Le greffon est un manchon d'écorce de longueur variable portant au moins un œil.

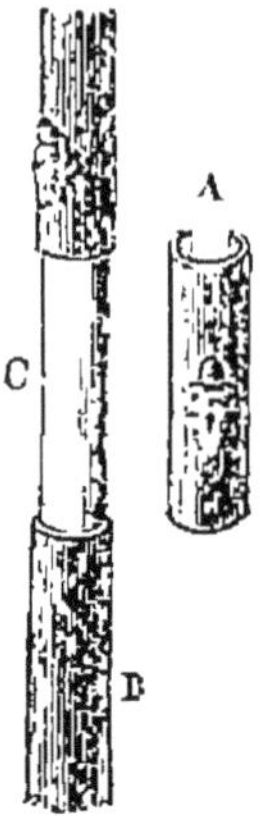

Pour opérer la greffe en flûte, on détache sur le sujet une partie d'écorce égale au manchon qui constitue le greffon, puis on insère celui-ci à la place. On ligature ensuite, de manière à rendre l'adhérence aussi parfaite que possible.

Greffes par rameaux : Dans les greffes par rameaux, le greffon est toujours une partie du rameau ligneux ou herbacé que l'on insère sur le sujet. D'une manière générale, il convient, pour ce genre de greffe, de prendre des greffons moins avancés en végétation que le sujet.

Fig. 156.

1° *Greffe de côté*. — Dans la greffe de côté, le sujet est incisé en T comme pour la greffe en écusson; le greffon, au lieu d'être un œil, est un rameau taillé en long biseau.

On doit choisir un greffon légèrement courbé, de manière qu'il s'éloigne du sujet au-dessus du point d'insertion. Le biseau du greffon est inséré sous l'écorce et on ligature ensuite en commençant par le haut.

2° *Greffe dans l'aubier*. — Pour pratiquer ce genre de greffe, on entaille obliquement le sujet, de manière que l'incision pénètre jusque dans le bois. On taille ensuite le greffon en double biseau, on l'insère dans l'entaille et on le ligature.

3° *Greffe en placage* (fig. 157). — Pour la greffe en placage, on doit choisir autant que possible un sujet et un greffon de même volume. On pratique une entaille sur le sujet de manière à enlever une lanière d'écorce et un peu

de bois. Cette entaille est arrêtée nettement à la base
par une coupe transversale. On taille le greffon en
biseau allongé, de manière que sa plaie
et celle du sujet soient de surface
égale. Le greffon est ensuite ajusté sur
le sujet, puis on ligature en commençant par le haut.

Greffe en couronne (fig. 158).
— Le sujet à greffer en couronne doit d'abord être coupé
net par un trait de scie; la plaie
est ensuite rafraîchie avec
la serpette. On prépare les
greffons en les taillant en biseau et en arrêtant la coupe à
la partie supérieure par une
section formant cran. On
peut en placer un assez grand
nombre (4 ou 5), si le sujet
est gros.

Fig. 157.

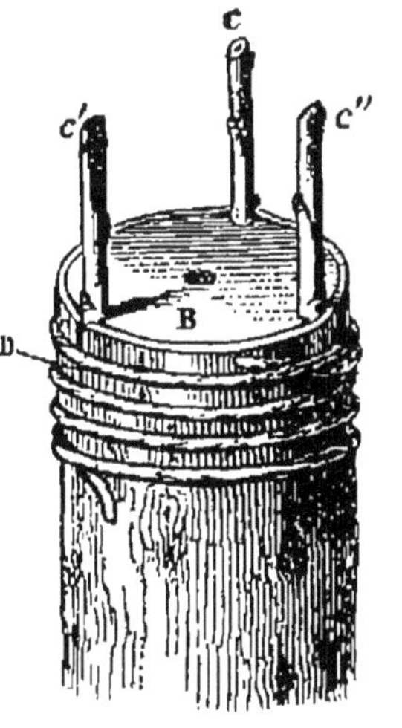

Fig. 158.

Chaque greffon doit être inséré
entre le bois et l'écorce que l'on a
eu soin de fendre longitudinalement
avec un greffoir. Le cran du greffon
doit reposer sur la section transversale obtenue par le trait de
scie. On ligature ensuite et on
entoure la greffe avec du mastic à
greffer.

Greffe en incrustation. — On enlève un petit coin de bois sur le
sujet, après qu'il a été décapité. On
taille ensuite le greffon en double
biseau et on l'insère dans la cavité
laissée par le coin de bois enlevé, de manière que son

écorce soit bien en contact avec celle du sujet. Il ne reste plus ensuite qu'à ligaturer et à enduire les plaies de mastic à greffer.

Greffe en fente (fig. 159). — Le sujet doit d'abord être décapité, puis fendu par le milieu ou sur le côté, suivant le nombre des greffons que l'on veut insérer. On prépare le greffon en le taillant suivant deux plans qui viennent se rencontrer à la base. Les deux coupes doivent partir de chaque côté d'un œil, qui sera placé à la partie extérieure de la greffe. La mise en place du greffon se fait en ouvrant la fente longitudinale avec un couteau et en y insérant le greffon. On fait pénétrer le greffon dans la fente du sujet, de manière que toute la partie incisée soit comprise dans la fente. — Si le sujet est gros, on peut mettre plusieurs greffons. On termine l'opération par une ligature, dans le cas où le sujet ne serre pas assez le greffon de lui-même.

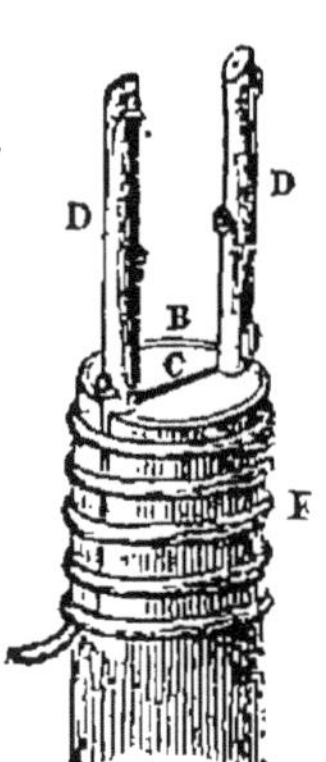

Fig. 159.

Greffe à l'anglaise (fig. 160 et 161). — Le sujet et le greffon doivent être de même grosseur. Ils sont taillés en biseau, puis appliqués l'un sur l'autre et réunis par une ligature. — On a modifié ce système en séparant sur les deux végétaux réunis des esquilles de bois qui s'enchâssent l'une dans l'autre. Cette modification donne beaucoup de solidité à la greffe. (*Le greffage des vignes sera traité dans le cours de 2ᵉ année.*)

Fig. 161.
Greffe à l'anglaise
sans esquille.

Fig. 160. — Greffes à l'anglaise avec esquilles.

CHAPITRE XXXVIII

Jardin d'agrément.

375. Culture spéciale des plantes à fleurs.
— Les plantes à fleurs peuvent être divisées en deux catégories : 1° les plantes de pleine terre ; 2° les plantes de
serre. Les plantes de pleine terre et de serre se multiplient soit par leurs graines, soit par leurs bulbes ou
oignons.

Celles qui se multiplient par leurs graines sont beaucoup plus nombreuses que celles qui se multiplient par
leurs bulbes, mais elles sont généralement moins belles[1].

PLANTES DE PLEINE TERRE SE MULTIPLIANT
PAR GRAINES

376. Aconit (fig. 162). — La culture de l'aconit est
facile. On sème sur terre légère, pas trop exposée au
soleil, dès les premiers jours du printemps. La floraison
a lieu en été. Cette plante est vénéneuse.

377. Agératoire du Mexique (fig. 163). — Les
graines doivent être semées de mars en avril sur couche ;
on met en place en mai. On peut aussi faire des boutures
avant l'hiver.

378. Amarante (fig. 164). — L'amarante se sème

---

1. Les plantes que l'on multiplie par bulbes peuvent aussi être obtenues
par semis, mais il y a, dans ce cas, à craindre la dégénérescence. Beaucoup
de plantes de serre se multiplient par le bouturage.

en pleine terre au mois de mai. La floraison a lieu de juin en septembre.

379. Ancolie (fig. 165). — L'ancolie doit être semée

Fig. 162. — Aconit.

Fig. 163. — Agératoire du Mexique.

de mai en juillet, sur terre fertile, bien labourée. Les jeunes plantes sont ensuite repiquées en pépinière jus-

Fig. 164. — Amarante.

Fig. 165. — Ancolie.

qu'en automne ou au printemps, époques où elles sont plantées à demeure.

380. Balsamine (fig. 166). — La balsamine doit se
semer sur couche en avril. Les plants sont mis en place

Fig. 166. — Balsamine.

Fig. 167. — Browale.

sur terre bien terreautée, quand ils sont assez forts. La

Fig. 168. — Calcéolaire.

Fig. 169. — Campanule.

floraison a lieu depuis la fin de juillet jusqu'aux premières
gelées blanches.

381. Browale (fig. 167). — La browale se sème de mars en avril sur couche, pour être repiquée en place vers le milieu de mai. Cette plante aime les terres légères et fertiles. La floraison a lieu de juillet à septembre.

382. Calcéolaire (fig. 168). — Les semis de calcéolaire doivent se faire en automne ou au printemps, en terre de bruyère humide.

On met les plants en pots

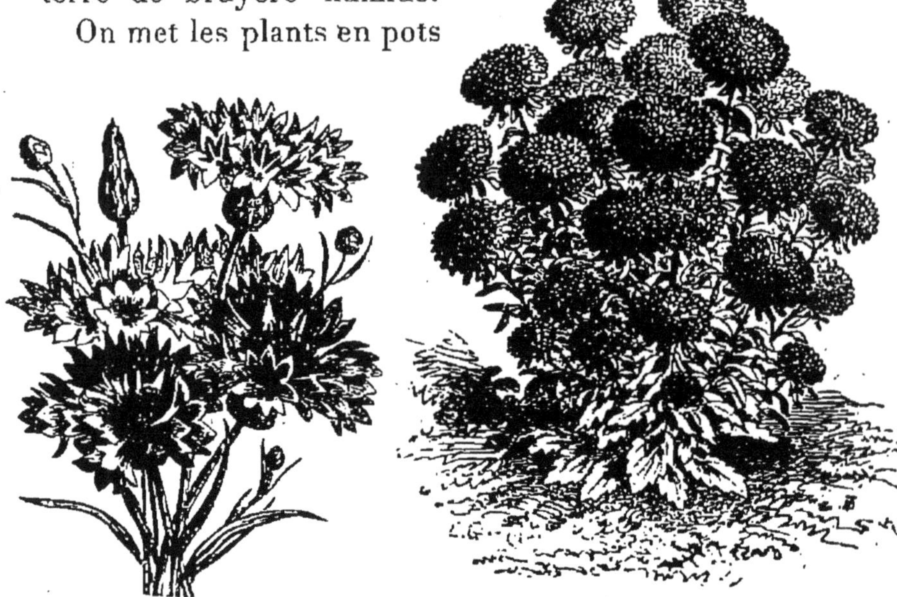

Fig. 170. — Centaurée.   Fig. 171. — Chrysanthème.

de moyenne grandeur remplis de terre de bruyère.

383. Campanule (fig. 169). — Les différentes variétés de campanules doivent être semées au printemps, puis repiquées en août, si l'on veut avoir de belles touffes. Cette plante est bisannuelle; elle fleurit en juin et en juillet.

384. Capucine. — La capucine doit être semée dès les premiers beaux jours de printemps, au pied d'un mur ou dans un lieu bien aéré. Cette plante aime les terres légères, un peu humides; elle fleurit pendant toute la durée de l'été.

385. Centaurée (fig. 170). — Les centaurées doivent être semées dans le courant d'avril, en place ou sur couche. Quand on a fait le semis sur couche, il faut les mettre en place en mai. La floraison a lieu de juillet en octobre.

386. **Chrysanthème** (fig. 171). — Les semis de chrysanthème doivent se faire en avril et en mai, sur couche ou en pleine terre. Les chrysanthèmes fleurissent de juin en octobre.

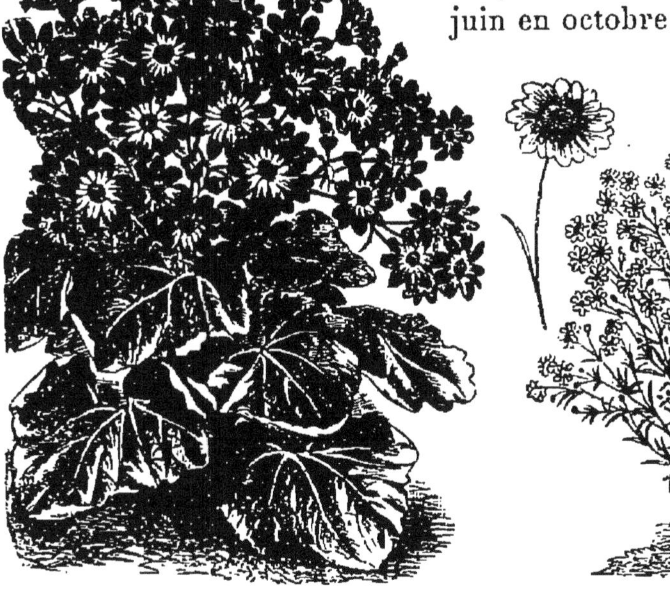

Fig. 172. — Cinéraire.

Fig. 173. — Coréopside.

387. **Cinéraire** (fig. 172). — Les cinéraires doivent être semées au printemps sur terre légère ou sur terre de bruyère tamisée. Les plants sont repiqués quand ils sont suffisamment forts. On les conserve en serre ou dans des appartements pendant l'hiver. La floraison des cinéraires est très précoce.

388. **Coréopside** (fig. 173). — Les semis de coréopside doivent se faire sur couche dès la fin de l'hiver. On met les jeunes plants en place quand ils sont assez forts. La floraison a lieu de juin à septembre pour les différentes variétés.

389. Coquelourde (fig. 174). — Les graines de coquelourde doivent être semées aussitôt qu'on les a

Fig. 174. — Coquelourde.

récoltées. On repique les plants en mars. La floraison a lieu de juin à septembre.

Fig. 175. — Ficoïde.

390. Ficoïde (fig. 175). — Les semis de ficoïde doivent être faits sur couche, de mars à mai. On peut aussi faire des semis d'automne, qu'on hiverne sous châssis et qui fournissent des fleurs dès le mois de mars. Les semis de printemps donnent des plants fleurissant de juillet à novembre.

391. Giroflée (fig. 176). — On sème les giroflées vers la fin d'avril sur couche et on les repique en planche vers la fin de juin. Pendant la deuxième quinzaine de septembre,

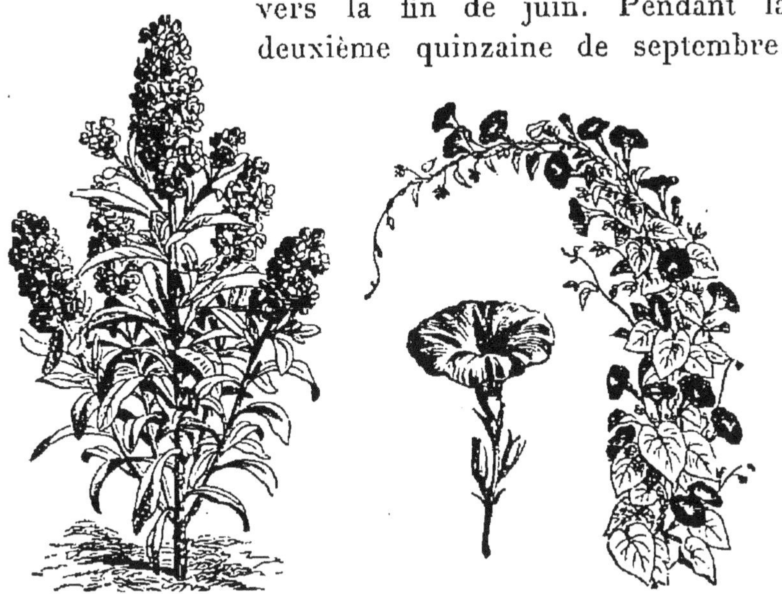

Fig. 176. — Giroflée.   Fig. 177. — Ipomée volubilis.

on les met en pots, en ayant soin de les arroser et de les tenir à l'ombre jusqu'à la reprise. On doit conserver les giroflées en serre ou dans des appartements pendant l'hiver.

392. Ipomée volubilis (fig. 177). — L'ipomée volubilis se sème au printemps au pied d'un mur ou autour d'une tonnelle. Les fleurs s'ouvrent le matin et se ferment à midi. La floraison a lieu de juillet à septembre.

393. Lavatère (fig. 178). — Les graines de lavatère se sèment indifféremment sur couche ou en place, pendant les mois d'avril et de mai. La floraison a lieu de juillet à septembre.

394. Lobélie (fig. 179). — La lobélie se sème sur couche, sous châssis ou sous cloche aussitôt que les graines sont mûres, quand on veut obtenir des fleurs de bonne heure. On peut aussi attendre le mois de mars pour semer sur couche; dans ce cas, on a des fleurs vers le mois de juin.

395. Linaire (fig. 180). —

Fig. 178. — Lavatère.

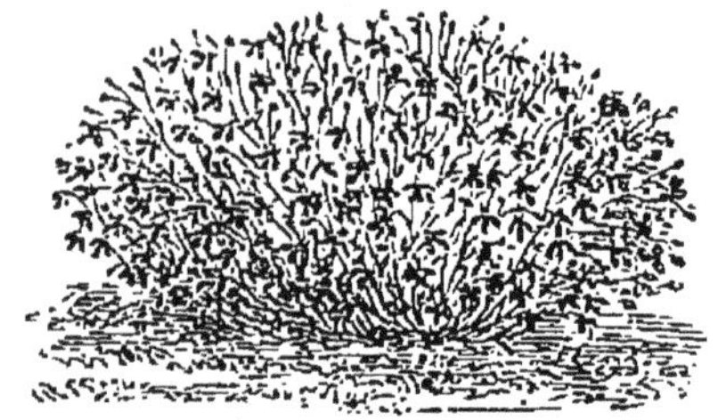

Fig. 179. — Lobélie.

On sème les graines de linaire de mars en juin, en bordure ou en plates-bandes. La floraison a lieu pendant une grande partie de l'été.

396. Mauve (fig. 181). — Les graines de mauve doivent être semées aussitôt

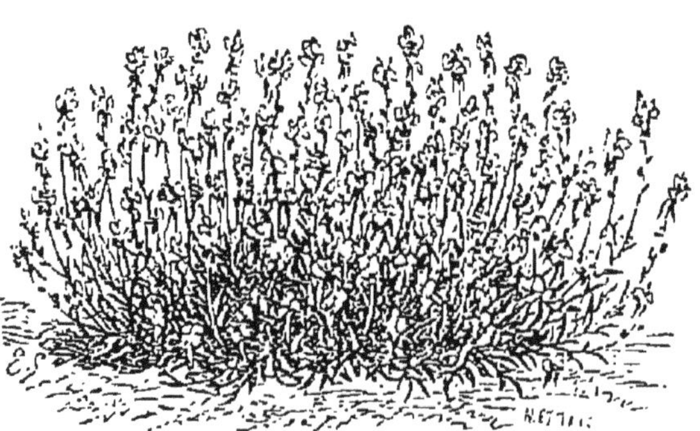

Fig. 180. — Linaire.

Fig. 181. — Mauve frisée.

leur maturité. Le plant se repique en pépinière pour être mis en place au printemps suivant.

397. Muflier (fig. 182). — Les mufliers se sèment en juin et juillet, à l'ombre et en pépinière, pour être mis

Fig. 182. — Muflier.

en place à l'automne. On peut aussi semer en avril, en pépinière; dans ce cas, ils sont moins forts et moins beaux que par le premier mode de culture.

Fig. 183. — Myosotis.

Fig. 184. — Nigelle.

398. Myosotis (fig. 183). — On sème le myosotis de juin à août, en pépinière. On repique en septembre.

Le myosotis peut être employé pour faire des bordures ;
il pousse très bien à l'ombre.

Fig. 185. — Œillet.

Fig. 186. — Œillet d'Inde.

399. Nigelle (fig. 184). — Les graines de nigelle

Fig. 187. — Pâquerette.

doivent être semées en place au printemps, sur terre
légère. La floraison a lieu de juin à septembre.

400. Œillet (fig. 185). — Les œillets se sèment sur couche dans le courant de mars, pour être mis en place vers le milieu du mois de mai.

On peut aussi semer les œillets dans des terrines remplies d'un mélange de terre et de terreau, ou de terre de bruyère.

401. Œillet d'Inde (fig. 186). — Les œillets d'Inde doivent être semés en pépinière, dans le courant d'avril et les premiers jours de mai. On repique les plants, quand ils ont une dizaine de feuilles. La floraison a lieu pendant les mois de juillet et d'août.

402. Pâquerette (fig. 187).

Fig. 189. — Pavot.

Fig. 188. — Pélargonium.

— Les différentes variétés de pâquerettes doivent être semées sur place, dans le courant du mois d'août. La floraison a lieu dans les premiers jours de printemps. Les pâquerettes se ressèment d'elles-mêmes à mesure de la maturité des graines.

403. Pélargonium (fig. 188). — La multiplication des pélargoniums se fait le plus généralement au moyen du bouturage. On peut également employer le semis. Dans ce cas, on sème sous châssis ou en terrines remplies de terre légère. On repique en pots, à mesure que les plantes sont assez fortes.

Les semis peuvent se faire à deux époques de l'année : 1° aussitôt que les graines sont mûres, 2° au printemps (en mars et avril). La saison la meilleure pour le bouturage est comprise entre juillet et septembre.

404. Pavot (fig. 189). — Les pavots peuvent être semés à deux époques : à l'automne ou au printemps. Les pavots semés en automne fleurissent en juin et juillet; ceux qu'on sème en février et mars fleurissent en août et septembre.

On peut faire les semis directement en place, mais on emploie le plus souvent les semis en pépinière, qui donnent des sujets plus vigoureux.

405. Pervenche (fig. 190). — La pervenche doit être semée sur couche en mars et avril; les jeunes

Fig. 190. — Pervenche.

plants sont ensuite repiqués en pots. La floraison a lieu pendant la plus grande partie de l'été.

406. Pétunia (fig. 191). — Les pétunias se sèment sur couche de mars en avril, ou à l'air libre en avril et mai. On en fait des corbeilles ou des plates-bandes.

La floraison a lieu pendant tout l'été et une partie de l'automne.

407. Primevère (fig. 192). — Les graines de primevère doivent être semées aussitôt leur maturité ou en mars, sur terre légère. On les repique l'année suivante

Fig. 191. — Pétunia.

aux époques du semis. La floraison a lieu au printemps.

Fig. 192. — Primevère.

408. **Reine-Marguerite** (fig. 193). — La reine-

marguerite se sème du 15 mars au 1ᵉʳ mai, sur couche sourde ou en pleine terre. On repique les plants, quand ils sont assez forts, à une distance

Fig. 193. — Reine-Marguerite.

Fig. 194. — Réséda.

de 0ᵐ25. La mise en place doit se faire quand les pre-

Fig. 195. — Rose-Trémière.　　　　Fig. 196. — Soleil.

miers boutons apparaissent. La floraison a lieu de juillet en septembre.

409. Réséda (fig. 194). — Le réséda doit être semé en avril, à la place qu'il doit occuper pendant son existence. Toutes les terres lui conviennent. Pour avoir des pieds bien étendus, il faut supprimer la tige montante, dès qu'elle commence à montrer ses fleurs.

410. Rose-Trémière (fig. 195). — Les graines de rose-trémière se sèment en juillet et en août en pleine terre. On transplante en septembre et octobre. La floraison s'effectue l'année suivante de juillet à septembre.

Fig. 197. — Verveine.

411. Soleil (fig. 196). — Le soleil des jardins ou tournesol se sème sur sol fertile en avril et mai, en place ou en pépinière. La floraison a lieu en juillet et août.

412. Verveine (fig. 197). — Les graines de verveine doivent être semées au printemps ou à l'automne; on

Fig. 198. — Violette.

repique les plants en place ou en pépinière. Cette plante fleurit de juin à septembre.

413. Violette (fig. 198). — Les violettes peuvent

se semer à deux époques : en avril ou en juillet. On les
sème en pépinière ou en pots. On peut aussi les multiplier par boutures. Les violettes fleurissent de très bonne
heure; on les emploie pour faire des bordures.

414. **Zinnia** (fig. 199). — Les graines de zinnia
doivent être semées sur couche vers la fin de mars. On

Fig. 199. — Zinnia.

met les zinnias en place quand ils sont suffisamment
développés.

La floraison des zinnias s'effectue de juillet à octobre.

415. Un assez grand nombre de plantes dont nous
nous sommes occupés se multiplient aussi au moyen du
bouturage. Cette méthode de multiplication a l'avantage
de conserver intactes les variétés de choix, alors qu'il y
a presque toujours dégénérescence quand on emploie les
semis.

CHAPITRE XXXIX

Jardin d'agrément *(suite)*.

416. **Amaryllis** (fig. 200). — Les bulbes d'amaryllis sont plantés en juin et juillet à 0^m20 de profondeur, en terre légère. Il faut garantir les amaryllis contre les

Fig. 200. — Amaryllis.

gelées, en couvrant le sol d'une litière de feuilles ou d'un châssis. La floraison a lieu d'août en octobre.

417. **Anémone** (fig. 201). — Les anémones se mul-

tiplient par leurs graines et par leurs racines appelées *pattes* ou *pois*.

Les *pattes* d'anémone peuvent être mises en terre à

Fig. 201. — Anémone.

deux époques : à l'automne et au printemps. Les anémones fleurissent en avril et en mai.

418. Balisier (fig. 202). — Les tubercules du balisier doivent être plantés pendant la première quinzaine de mai en terre légère et fertile. Il faut arroser amplement la plante dans le cours de l'été. Les balisiers fleurissent d'août en octobre.

419. Bégonia (fig. 203). — Les bégonias demandent une terre de bruyère fertile, mélangée de terreau. On peut les multiplier au moyen de graines et de boutures. Il faut leur fournir de nombreux arrosages pendant la végétation. Les bégonias végètent très bien dans les appartements.

420. Cyclamen (fig. 204). — Les cyclamens se multiplient par leurs graines, que l'on sème aussitôt la maturité, sous châssis,

Fig. 202. — Balisier.   Fig. 203. — Bégonia.

dans des terrines. Les jeunes plants sont ensuite repiqués au printemps. On peut mettre les cyclamens en bordure.

421. Dahlia (fig. 205). — Les tubercules de dahlia doivent être plantés vers la fin de mars. Si l'on dispose d'une serre ou d'une couche tiède, on y plante les tubercules. On peut aussi les planter directement à l'air libre, mais dans ce cas on opère un peu plus tard.

Les dahlias plantés sur couche ou en serre sont mis en pleine terre, quand leurs tiges ont atteint de 0^m10 à 0^m15 de longueur.

La pleine floraison des dahlias a lieu en août et en septembre.

422. Glaïeuls. — Les glaïeuls réussissent à peu près

Fig. 204. — Cyclamen.

dans tous les terrains. On plante les bulbes pendant les

Fig. 205. — Dahlia.

Fig. 206. — Lis.

mois de mars, d'avril et de mai, de manière à avoir des fleurs du mois de mai au mois d'août.

423. Lis (fig. 206). — Les bulbes des différents lis résistent assez bien aux gelées de nos hivers ; on peut par conséquent se dispenser de les rentrer à l'approche des temps froids.

La culture la meilleure et la plus simple consiste à mettre les bulbes dans de la terre de bruyère. Cette opération se fait au mois d'octobre ; on choisit pour cela les bulbes de l'année.

424. Muguet (fig. 207). — Le muguet peut être mul-

Fig. 207. — Muguet.

tiplié de trois manières différentes : par rejetons, par racines et par graines.

Les rejetons et les racines se plantent à l'automne ou au printemps. Les graines se sèment en place pendant les mois d'avril et de mai. Une terre fraîche et ombragée convient très bien au muguet.

Le muguet fleurit au mois de mai.

PLANTES DE SERRE

425. Les plantes de serre sont des plantes exotiques qui ne peuvent vivre sous notre climat qu'à la condition d'être placées dans des appartements où règne une température à peu près identique à celle de leur pays d'origine,

426. **Achimènes.** — Les achimènes se multiplient au moyen de rhizomes ou de boutures, que l'on place dans de petits vases remplis de terre fine, en mars ou avril. Ces plantes demandent une température oscillant entre 15 et 25 degrés; il faut leur donner de l'ombre quand le soleil est trop ardent. On doit maintenir la terre et l'air toujours humides au moyen d'arrosages fréquents et de bassinages sur les feuilles. La floraison a lieu de juillet à septembre.

427. **Aristoloche à feuilles trilobées.** — Cette plante se multiplie par marcottes et par des boutures que l'on fait au printemps; elle demande une terre franche légère et ne végète bien qu'en serre chaude. Il faut bien l'arroser pendant l'été, mais peu en hiver.

428. **Fuchsia.** — Le fuchsia est un arbuste de serre tempérée. Il lui faut une lumière vive, de l'humidité et une abondante nourriture pendant sa végétation. On le cultive en pots ou en caisses, dans de la terre un peu légère.

Le fuchsia se propage par boutures et par semis. Les boutures peuvent être faites en toute saison, mais on opère surtout au printemps. Quant aux semis, ils sont généralement faits au printemps.

Bien qu'on puisse exposer les fuchsias au dehors, il vaudra mieux les laisser toujours en serre; ils conservent ainsi un plus beau coloris.

429. **Gloxinia.** — Le gloxinia se multiplie au moyen de rhizomes, que l'on place en mars ou avril dans des

vases remplis de terre fine. Cette plante fleurit en automne ; on doit la placer en serre chaude.

430. Tradescantia du Mexique. — Le tradescantia ou éphémère du Mexique est une plante de serre chaude. On le multiplie à l'automne au moyen d'œilletons. Cette plante fleurit pendant tout l'été ; elle donne de petites fleurs blanches renfermées dans une spathe de couleur pourpre.

Le tradescantia du Mexique ne veut pas d'arrosage en hiver.

431. Culture des fougères de serre. — Les fougères ne produisent ni feuilles, ni fleurs, ni graines, telles qu'on les conçoit généralement. Ce que l'on appelle vulgairement feuilles dans les fougères sont des sortes de rameaux foliacés qui portent des spores ou organes reproducteurs. La multiplication des fougères peut se faire de plusieurs manières : 1° par le semis des spores ; 2° par la division des touffes, 3° par le bouturage des bourgeons.

On construit quelquefois dans les serres des rocailles ou rochers où l'on réunit des collections variées de fougères ; c'est d'un très bel aspect[1].

1. Il reste un nombre considérable de plantes à fleurs de pleine terre et de serre. Le cadre relativement restreint de cet ouvrage ne nous permet de signaler que les plus connues.

FIN

TABLE DES MATIÈRES

Pages

Paris. — Imp. Paul Schmidt, 5, avenue Verdier, Montrouge (Seine).